"创意与思维创新"

环境设计专业新形态精品系列

U0692337

微课版

室内设计手绘表现技法

Interior Design

代光钢◎著

人民邮电出版社

北 京

图书在版编目（CIP）数据

室内设计手绘表现技法：微课版 / 代光钢著.
北京 : 人民邮电出版社，2025. -- （"创意与思维创新
"环境设计专业新形态精品系列）. -- ISBN 978-7-115
-66904-9

Ⅰ. TU204

中国国家版本馆 CIP 数据核字第 20250GB349 号

内 容 提 要

本书系统地介绍室内设计效果图的表现技法和绘制过程。全书共 7 章，包括室内设计效果图概述、基础线条训练、构图与透视、色彩与表现、室内家居陈设表现、室内设计效果图综合案例表现和室内快速设计方案。本书将理论知识与实践操作相结合，通过大量实战案例详细地介绍绘制室内设计效果图的全过程，帮助读者快速掌握室内设计效果图的绘制方法和技巧。本书可以作为室内设计相关专业的教材，同时也适合设计专业学生、室内设计师及室内设计业余爱好者阅读。

◆ 著　　　　代光钢
责任编辑　张　蒙
责任印制　胡　南

◆ 人民邮电出版社出版发行　　北京市丰台区成寿寺路 11 号
邮编　100164　电子邮件　315@ptpress.com.cn
网址　https://www.ptpress.com.cn
北京宝隆世纪印刷有限公司印刷

◆ 开本：787×1092　1/16
印张：13.75　　　　　　　　2025 年 6 月第 1 版
字数：360 千字　　　　　　　2025 年 6 月北京第 1 次印刷

定价：79.80 元

读者服务热线：(010)81055256　印装质量热线：(010)81055316
反盗版热线：(010)81055315

室内设计手绘表现是一门结合艺术与技术的综合性技能，它让设计师以手绘的方式将自己的创意和构思转化为具体而精致的设计图纸。

本书在系统梳理室内设计理论的同时，结合丰富的案例进行详细的解析，力求深入浅出地阐述设计思路，帮助读者更好地理解和掌握室内设计手绘效果图的设计逻辑及绘制技巧，培养其创造性思维，让读者能够独立创作出优秀的室内设计手绘作品。

首先，本书从基础线条和透视的相关知识讲起，为读者打下坚实的理论基础；然后，结合多样化的案例对技巧进行详细解读，帮助读者在实际操作中掌握并运用这些技巧。此外，本书提供相关教学案例的讲解视频等资源，以供读者参考和学习。通过这套全面的资源，读者能够提升个人的设计能力。

本书特点

本书精心设计了"知识讲解＋绘画案例＋技巧提示＋本章小结＋课后实战练习＋综合案例＋设计方案"等教学环节，实现教学的完整闭环，不仅符合读者吸收知识的规律，也能培养读者的实践操作意识和动手能力。

知识讲解：阐述每节核心概念，以及绘图的关键要点和相应的方法、技巧。

绘画案例：结合每节知识点，设计针对性案例，帮助读者理解和掌握绘图技巧，提升实践能力。

技巧提示：拓展重难点内容，帮助读者延伸所学知识。

本章小结：对每章的知识点进行汇总，帮助读者回顾所学内容。

课后实战练习：除第 1 章外，结合每章内容设计难度适中的实战练习，以提升读者的绘图能力。

综合案例：融会贯通全书内容，设计综合性案例，以提升读者的综合制图技能。

设计方案：整合全书讲授的理论与技法，系统讲解室内快速设计方案的表达技巧。

教学内容

本书主要讲解室内设计手绘的理论知识和表现技法。全书共 7 章，各章的内容简介如下。

第 1 章着重讲解室内设计手绘效果图的概念及其绘制基础。首先介绍手绘表现的类型，以及室内设计手绘效果图的特点和意义，然后详尽介绍绘制过程中所需的各类笔、纸及其他辅助工具。

第 2 章以基础线条为主，结合各类线条的绘制要点与实际训练方法，深入解析多种线条风格并介绍线的综合运用。

第 3 章重点阐述构图与透视的基本原理、常见的构图类型等。同时，对一点透视、一点斜透视和两点透视进行深入的案例解析。

第 4 章简要介绍色彩的基本知识，并结合案例讲解马克笔、彩铅、色粉的上色技巧。

第 5 ~ 7 章分别以室内家居陈设表现、室内设计效果图综合案例表现和室内快速设计方案为重点，全面介绍室内设计表现技法的综合应用和实践技巧。

本书各章均结合了大量的案例，能够培养读者的实践操作能力与设计思维，力求循序渐进地帮助读者提高室内设计手绘效果图的绘制水平与创意表达能力。

教学资源

本书提供丰富的资源，教师读者可登录人邮教育社区（www.ryjiaoyu.com），在本书页面进行下载。

本书的资源包括教学资源与拓展资源。

- **教学资源**：PPT 课件、教学大纲、教案、微课视频。
- **拓展资源**：拓展案例、素材模板等。

代光钢

2025 年 5 月

CONTENTS 目录

第 **4** 章
色彩与表现

第7章 室内快速设计方案

第 **1** 章

室内设计效果图概述

本章概述

本章主要介绍室内设计效果图的基本概念和特点，以及
手绘效果图在室内设计中的重要性和意义。此外，还将
详细介绍绘制室内设计效果图所需的工具和基础技能，
包括用笔、用纸和辅助工具等。

1.1 认识室内设计效果图

1.1.1 手绘表现的类型

1. 设计类方案草图

设计初稿，即设计师在构思阶段所绘制的手绘草图，其主要作用在于迅速捕捉并展示初步的设计理念与创新思维。尽管这些草图可能显得较为粗糙，但它们为后续的深化设计奠定了基础，并成为后续工作的依据。

现代室内设计注重功能性、开放性和创新性，追求简洁、高效的空间效果，如图1-1所示。现代风格的室内设计常常融合现代科技，致力于打造舒适且具有现代感的居住环境。在绘制设计草图阶段，为了便于交流与沟通，通常会对室内装修材质进行标注，如图1-2所示。例如，针对同一空间内的客厅与餐厅，需要从多个角度进行表现，并对相同空间的铺装方式进行统一，如木饰面的天花板（见图1-3）。

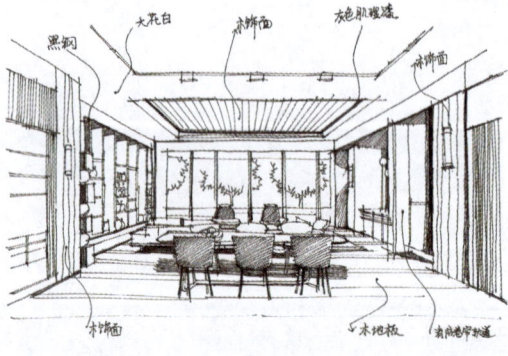

图1-1

图1-2

图1-3

在居住空间中，餐厅与客厅的协同表现务必确立主导地位，同时确保空间布局的合理性，如图1-4所示。部分初学者在绘制十多米的空间进深时，却表现出三十多米进深的视觉效果，这从空间设计角度审视是不够严谨的，可能导致最终空间效果与前期草图中的预期效果存在较大偏差。

针对厨房（见图1-5）的草图设计，应通过冰箱、操作台、水槽等元素之间的对比，对空间比例进行推敲。例如，厨房操作台常规高度约90cm，冰箱高度约200cm，厨房空间净高为240cm～260cm，这样能保证空间的合理性。

图1-4

图1-5

2. 写生类草图

写生类草图的特点主要体现在手绘的高效性，用以迅速捕捉并记录现实中的元素。这种草图为设计师提供了一个关键途径，使他们能够从自然或现有环境中汲取灵感，为实际设计工作提供参考依据。

进行写生类草图训练时，我们可以借助不同设计风格的室内空间，如极简主义风格、欧式风格、地中海风格、新中式风格等。其中，极简主义风格的室内空间尤为适合初学者用来夯实基础。这类空间场景相对简单，元素简洁，布局规整，在进行写生训练时更容易把握有助于快速掌握草图绘制的基本技巧。

极简主义室内设计通过背景墙上的挂画、简易沙发及茶几等元素来构建空间关系，如图1-6所示。这种风格的设计注重简约，避免过多的装饰，以满足室内各项功能需求为核心。例如，餐厅的设计遵循功能优先、形式次之的原则，如图1-7所示。除了功能性，极简主义风格的室内设计还注重空间结构的简洁。这种风格的设计通常会搭配少量的软装饰品、简约的插花以及室内植物，如图1-8所示。

灰空间处理：在处理连接室内外的灰空间时，极简主义风格的设计也是以简洁为主，常借助相关的建筑材料来展示灰空间的特点，如图1-9所示。

图1-6

图1-7

图1-8

图1-9

3. 写生速写

速写作为一种迅速捕捉场景或对象的手绘技法，有助于培养设计师对空间、比例和形态的敏锐感知，从而提升对场景的观察力和理解力。例如，中国传统建筑中的室内婚房（见图1-10）常包含红木家具、雕花窗棂、红色帐幕等元素。红色帐幕的主要作用在于装饰和象征，寓意为喜庆、幸福和吉祥。写生速写的主要目的在于积累设计素材。

对于室外空间的描绘，速写同样发挥着重要的作用。以福建土楼（见图1-11）为例，通过描绘传统建筑的榫卯结构、雕梁画栋等特色来为现代新中式的设计积累丰富的素材。

图1-10

图1-11

4. 设计效果图

（1）在制作效果图时，设计师需站在客户的角度思考，重视以下3个方面。

① 人体尺度：考查人体尺度以确定室内空间各部分的尺度，满足人在空间中的活动需求。同时，还需考虑人的心理需求和塑造的空间意象，以此来调整相应的空间尺度。

② 室内功能、风格与氛围：设计师需了解室内功能、装修等级标准、风格特征、氛围趋向和文化内涵等要求，以便为客户提供合适的建议或解决方案。

③ 造价与进度控制：考虑客户的经济承受能力，确保设计在预算范围内实施。同时，要把握设计期限和进度，以按时完成设计任务并保证质量。

（2）从设计效果图线稿的角度出发，可以将线稿分为两大类。

① 效果图正稿。

在室内设计过程中，效果图正稿起着至关重要的作用。它不仅是后续上色的基础，更是展示室内空间布局、透视关系等的直观方式，为深化设计提供了有利参考，如图1-12所示。

　　在绘制效果图正稿时，我们使用线条来勾勒轮廓和细节，后续通过马克笔或水彩完善明暗关系，使空间关系更加立体。但需要注意的是，明暗层次的处理要适度，避免过于复杂。适当的留白能更好地凸显核心元素，同时能节省时间，避免对初期方案的构思产生过多干扰，如图1-13所示。

图1-12

图1-13

　　为了凸显核心要素，可以使用简洁明了的线条和块面表现室内空间的整体结构和家居陈设。例如，卧室设计以床为核心，对四周空间做虚化处理，如图1-14所示。

　　在新中式室内设计中，提取传统的中式元素至关重要。这些元素融入在座椅、书架、门洞以及墙面材质等，它们共同体现了新中式风格的精髓，如图1-15所示。

　　最后，如果要在墨线正稿的基础上用水彩颜料上色，为了避免墨线晕开，建议使用针管笔或鲶鱼防水墨水等具有防水性质的工具进行绘制。

图1-14

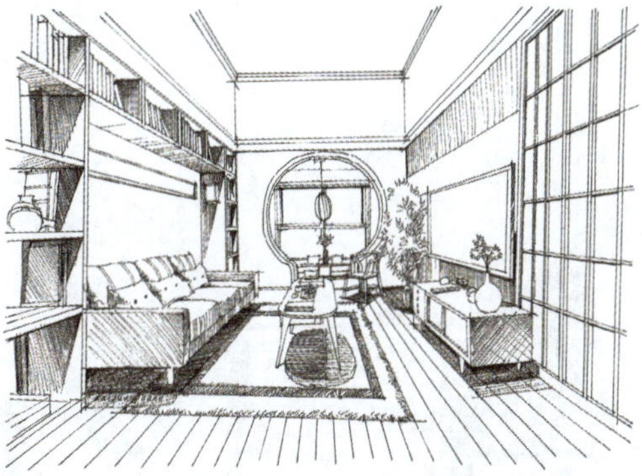

图1-15

　　② 明暗层次丰富的线稿。

　　明暗层次丰富的线稿巧妙地融合了细节和光影效果，为马克笔和钢笔淡彩的表现提供了理想的载体，如图1-16和图1-17所示。对初学者来说，绘制明暗层次丰富的线稿具有一定的挑战性，但尽力尝试绘制能在一定程度上提高自身能力。

　　在明暗层次丰富的线稿中，线条和阴影的运用至关重要。如图1-18所示，在表现家具的光影关系、材质细节等方面，线条和阴影的运用就起着决定性的作用，通过排线将被子上的阴影、窗框周围的背光面等暗部表现了出来；其他部分大面积留白，形成了强烈的明暗对比。当线稿已经能够充分展现物体的形态、质感和空间感时，上色时便能更加自如地呈现出丰富的色彩和光影效果。

如图1-19所示，绘制这类线稿需要耐心和毅力，因为其绘制过程比较耗时。为了提高线稿绘制水平，建议从简单的物体和场景入手，逐步提升难度。同时，积累素材也是关键，可以通过观察生活中的细节，将真实的物体形态、光影变化和材质特点融入线稿创作中，使作品更具生活气息和艺术价值。

线稿的绘制还可以借鉴一些优秀的线稿作品。通过学习和模仿他人的表现手法和技巧，可以不断丰富自己的创作风格，提升线稿绘制的水平。同时，这也是一个不断积累的过程，有助于培养读者的观察力和创造力。

综上所述，明暗层次丰富的线稿的绘制虽然考验读者的基本功，但能呈现出丰富的视觉效果。通过持续的练习、积累以及借鉴优秀作品，读者可以逐步提升自己的线稿绘制水平，为未来的绘画创作奠定坚实基础。

图1-16

图1-17

图1-18

图1-19

（3）在效果图色稿的设计领域，效果图的类型丰富多样，如钢笔淡彩效果图、水彩效果图、水粉效果图、彩铅效果图、色粉效果图以及马克笔效果图等。近年来，在室内设计领域，马克笔效果图的应用最为广泛。本书以马克笔为主要绘图工具进行效果图的绘制。如图1-20所示，餐厅的最终效果图主要通过马克笔进行绘制和上色。为了达到更好的表现效果，马克笔时常与彩铅相结合，因为彩铅能够实现与马克笔色阶的自然过渡，如图1-21所示。

图1-20 　　　　　　　　　　　　　　　　　图1-21

1.1.2 室内设计手绘效果图的特点

1. 设计性

　　室内设计手绘表现的核心在于设计与创意，其精髓在于效果图的绘制。效果图需清晰地展示出设计理念的独特性，以及对空间、功能和美学的深刻理解。手绘效果图注重细节描绘，涵盖材质、纹理、灯光等元素。通过细腻的笔触和灵活的色彩运用，效果图的真实感和质感可以得到大大的提升，使人们能够感受到室内设计的精致品质，如图1-22所示。

2. 科学性

　　在设计手绘中，我们应注重科学性，确保设计的合理性和可行性，效果图应严格遵循人体工程学原理，合理规划空间布局，以满足居住者的生活需求。同时，运用环境心理学知识营造出温馨、宜人的居住氛围。精准的尺度和比例将确保设计的实用性，为居住者提供舒适的居住体验。通过科学的设计理念，我们可以创造出既美观又实用的简欧式室内空间，如图1-23所示。

图1-22　　　　　　　　　　　　　　　　　图1-23

3. 艺术性

　　在室内设计中，每个元素都经过精心的挑选和细致的布局。如图1-24所示，圆形灯洞以其简洁的线条与地毯完美呼应，为整体空间增添了一种柔和而优雅的视觉效果。而地毯和沙发，以其柔软的质地为整体空间注入了温馨与舒适。整个设计在简洁中追求艺术，通过对光影的巧妙运用，创造出了层次丰富的视觉效果。这种极简而不失艺术感的室内设计，既满足了居住者对功能的需求，又满足了他们对美的向往。

图1-24

1.1.3 室内设计手绘效果图的意义

室内设计手绘效果图的绘制是设计师在创作过程中必不可少的重要环节，具有多重意义和价值。

首先，手绘效果图作为设计师与客户沟通的桥梁，能直观地展示设计师的设计理念、风格及预期效果。通过手绘的方式，设计师能迅速捕捉并传达创意，使客户更好地理解设计意图，进而促进双方的沟通与合作。

其次，手绘效果图是设计师创新表达的有效手段。在构思和呈现设计过程中，手绘有助于设计师记录灵感并在纸面上进行尝试和探索。通过持续绘制与修改，设计师可以不断完善设计方案，逐步接近理想设计效果。

此外，手绘效果图在设计师进行设计决策时亦有重要作用。通过手绘，设计师能更清晰地审视整体设计效果，及时发现并修正问题。手绘效果图能帮助设计师在早期阶段发现并解决潜在设计问题，避免后期制作中的困扰与时间浪费。

手绘效果图亦是设计师传达设计理念与表现风格的关键媒介。对客户而言，手绘效果图能直观展示设计师的设计思路与品位，有助于客户建立对设计师的信任。优质的手绘效果图既实用又具有美感（见图1-25），彰显设计师的艺术修养与品位。

另外，手绘效果图有助于设计师评估设计的可行性。通过手绘，设计师能直观了解材料、色彩、灯光等元素的搭配效果，及时排除不切实际或不可行的设计想法。这有助于设计师在早期阶段调整与优化设计，确保设计的可行性与实施效果，如图1-26所示。

综上所述，室内设计手绘效果图对设计师具有重要意义。它既有助于实现优质设计成果，亦能提升设计师的沟通、表达与决策能力。通过手绘展示设计想法与创意，设计师能与客户、施工方等各方人员进行顺畅的沟通与合作。同时，手绘效果图亦是记录设计过程、评估设计可行性与展现艺术价值的重要工具。对室内设计师而言，掌握手绘技巧并灵活运用手绘效果图，是提升设计水平与实现个人艺术追求的关键。

图1-25

图1-26

1.2 室内设计效果图的绘图基础

1.2.1 绘图常见的用笔

1. 用笔

在线稿创作中，笔的选择至关重要。不同类型的笔有不同的特性和适用场景，合理选用笔能够更好地表达设计意图，提高工作效率。

（1）签字笔：以绘制清晰、均匀的线条见长，适用于绘制轮廓和装饰线，如图1-27所示。其笔触适中，既适合初学者练习，也适合快速创作草图。

（2）钢笔：适合绘制流畅且柔和的线条，能有效凸显室内布置及空间所特有的质感。专业设计师们往往会选用钢笔来表现设计的精致与优雅，如图1-28所示。

（3）圆珠笔：适用于快速绘制线条，尤其在时间紧迫的情况下。其笔触稳定、线条流畅，有助于设计师高效完成作品，如图1-29所示。

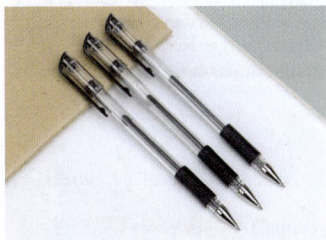

图1-27

图1-28

图1-29

（4）针管笔：专业性极强的绘图工具（见图1-30），常用于绘制精细的图纸或插图。其笔触细腻、线条均匀，特别适合建筑、机械、电子等专业领域的绘图需求。

（5）勾线笔：实用型绘图工具，适用于绘制各种线条与边框。它能提供粗笔触和鲜明的线条，使设计作品具有视觉焦点，如边框、标题和标志等，如图1-31所示。

此外，在色稿创作中，还有一系列常用的上色的笔和工具。

（1）马克笔：色彩丰富、饱满，适用于快速表现和概念设计，在创作草图阶段非常实用，如图1-32所示。

图1-30

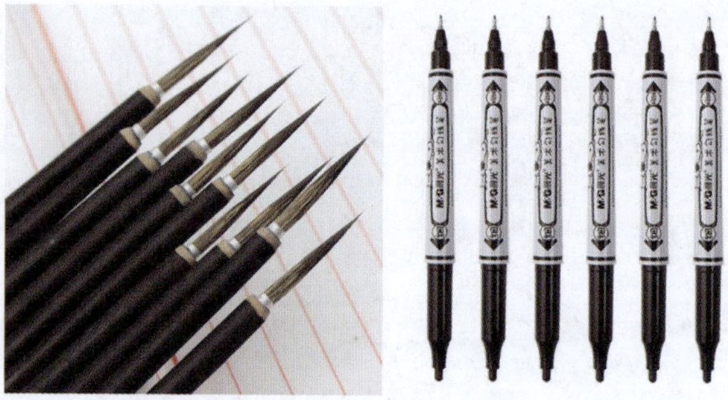

图1-31

图1-32

（2）彩铅：提供自然、柔和的色彩过渡效果，适用于细节描绘和色彩填充，如图1-33所示。

（3）色粉：能够实现渐变和柔和的过渡效果，常用于背景和氛围的渲染，如图1-34所示。

图1-33

图1-34

（4）丙烯马克笔：快干、耐水，颜色鲜艳且具有覆盖力，适用于多种材质的绘制，如图1-35所示。

（5）水彩颜料：透明度高，色彩柔和，适合表现清新、自然的风格，如图1-36所示。

（6）高光笔：高亮效果显著，常用于提亮高光或强调细节部分，如图1-37所示。

在室内设计手绘中，根据不同的创作需求和风格选择合适的笔具是至关重要的。从线条的绘制到色彩的表现，每一种笔都有其独特的魅力和适用场景。通过不断尝试和创新，设计师可以发掘更多的可能性，创作出更加出色的作品。

图1-35

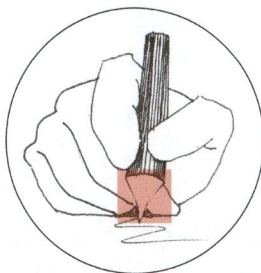

图1-36

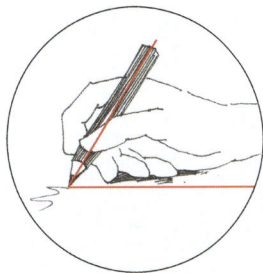

图1-37

2. 握笔姿势

在室内设计手绘效果图的表现过程中，握笔方式对线条流畅度和画面效果有着明显的影响。以下几点需注意。

（1）适度放松，避免过紧地握笔，以保持运笔自然流畅（见图1-38）。

（2）将笔放置于拇指、食指和中指之间，以拇指和食指指腹轻轻贴住笔杆，以中指托住笔杆（见图1-39）。

（3）控制笔的移动，通过调整手指间距和让笔轻触纸面来实现更稳定、流畅的运笔。

（4）选择适宜的倾斜角度，根据个人习惯确定笔杆与纸面之间的倾斜度，以增强线条的变化性和丰富性（见图1-40）。

（5）视线随线条移动，通过练习绘制基本线条来培养相应的感觉和技巧。

（6）在起笔和落笔时注意停顿，以增强线条的节奏感和韵律感（见图1-41）。

不恰当的握笔方式会导致线条不流畅，进而影响画面的最终效果。因此，初学者应养成良好的握笔习惯，并通过频繁练习提升手绘技巧。

图1-38   图1-39   图1-40   图1-41

1.2.2 绘图常用的纸

对室内设计初学者来说，选择合适的绘画用纸是保证作品质量的关键环节。以下是一些建议和推荐。

（1）速写本：适合户外写生或快速草图绘制。其具有便携性，可以帮助设计师随时捕捉和记录设计灵感，如图1-42所示。此外，在与客户讨论设计方案时，通过现场绘制草图，设计师可以快速展示多种方案，与客户共同探讨和选择最佳方案。这种即兴创作的方式能够激发更多的创意和灵感，促进设计的完善。

（2）牛皮纸：具有独特的纹理和颜色，可以用于实现特殊的设计效果或模拟复古风格，如图1-43所示。

图1-42　　　　　　　　　　　　　图1-43

（3）拷贝纸：透明度高，适用于前期方案设计的草图绘制和概念推敲，如图1-44所示。

（4）硫酸纸：同样透明，适用于绘制精细的图纸或插图，如图1-45所示。

（5）普通打印纸：经济实惠且易于获取，适合初学者在练习时和日常设计工作中使用，推荐使用A3或A4尺寸，如图1-46所示。

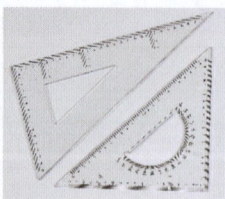
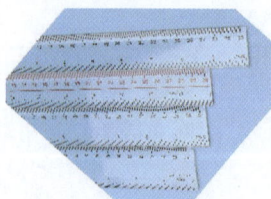

图1-44　　　　　　　图1-45　　　　　　　图1-46

1.2.3　辅助绘图工具

1. 尺规

辅助工具在绘图过程中同样发挥着重要作用，有助于提升画面效果。在绘制较长的直线段时，往往难以一次性精确描绘，此时可借助各类尺规。常见的有比例尺（见图1-47）、三角板（见图1-48）、直尺（见图1-49）以及平移滚动尺（见图1-50）等。

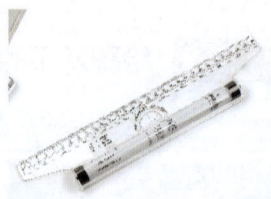

图1-47　　　　　　图1-48　　　　　　图1-49　　　　　　图1-50

2. 柔化工具

柔化工具在使用铅笔和彩铅进行绘画的过程中扮演着关键的角色，能使画面的黑白灰阶过渡得更为流畅。常用的柔化工具包括纸笔（亦称擦笔）、水滴揉擦棉（见图1-51）、卫生纸以及棉签等。纸笔一般由宣纸制成（见图1-52），这类擦笔质地柔软，形状与铅笔相近，且具有不同粗细的笔头。其主要用途在于调整调子并创造特殊效果，同时能精细描绘画面细节，实现过渡效果。卫生纸和棉签的使用方法与纸笔类似，主要用于擦拭和柔化画面。而白色擦笔（见图1-53）相对较硬，制作时卷得更紧密，适用于擦拭深色调。

图1-51 　　　　　　　图1-52 　　　　　　　图1-53

3. 橡皮

在室内设计手绘表现中，常用的橡皮主要有两类。第一类是美术橡皮，市面上主要有2B、4B、6B等类型的美术橡皮，如图1-54所示，其主要用途是擦除或修改铅笔底稿。第二类是可塑橡皮，这种工具能很好地保证画面的整洁与美观，常在绘制墨线前用于擦除铅笔稿的深色线条，如图1-55所示。

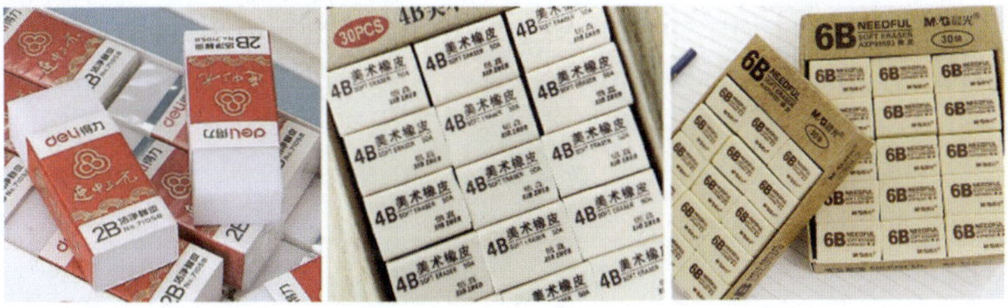

图1-54 　　　　　　　　　　　　　　　　　　　图1-55

1.3 本章小结

通过本章的学习，我们了解了室内设计效果图的基本概念和特点，以及手绘效果图在室内设计中的重要性和意义。同时，我们也掌握了绘制室内设计效果图所需的工具和基础技能，为后续的学习和实践打下了坚实的基础。

1.4 课后准备工作

1.4.1 备齐基础工具

在开始创作之前，我们需要精心挑选工具，以确保能够充分表达设计意图。以下是针对不同需求和水平的设计师的室内设计手绘工具推荐。

方案一：适合初学者

马克笔：一套60色的常用马克笔，覆盖基础色系，便于初学者掌握和搭配。

油性彩铅：一套12色的油性彩铅，适合细节描绘和颜色补充。

签字笔：用于勾勒线条，建立基本的框架和布局。

涂改液：用于修正错误或填补空白。

这种组合经济实惠，适合初学者练习基本技巧和掌握基础色系。

方案二：适合中级水平的设计师

马克笔：一套168色的常用马克笔，颜色丰富，以满足各种设计需求。

钢笔、针管笔和签字笔：各一支，用于不同阶段的线条勾勒和细节处理。

油性彩铅：一套48色的常用油性彩铅，适合补充颜色和细节。

涂改液：用于修正错误或填补空白。

此方案适合已经掌握基础技巧的设计师，能够满足更复杂的设计需求。

方案三：适合高级水平的设计师

马克笔：一套168色或360色的高端马克笔，颜色丰富且覆盖广泛，以满足高标准的设计要求。

钢笔、针管笔、签字笔和勾线笔：各一支，用于精细的线条勾勒和创意表达。

油性彩铅、色粉和水彩颜料：实现丰富的颜色和纹理效果，增强设计的层次感和质感。

丙烯马克笔和防水墨水：用于实现特殊效果和细节处理，如渲染或标记特殊材质。

此方案适合对画面效果有高要求的设计师，需要一定的绘画技巧和经验来充分发挥其作用。

总之，选择合适的绘画工具对于室内设计手绘至关重要。根据个人水平和需求选择合适的工具能够更好地提高作品质量。随着技术的进步和经验的积累，你会发现自己对工具的需求也在发生变化，使用不同的工具不断尝试和创新是提升设计水平的关键。

1.4.2 认识不同工具

在不同的阶段选择合适的工具同样至关重要。

首先，我们要明确线稿阶段的主要工具，如钢笔、美工笔、签字笔、针管笔和勾线笔等。这些工具能够帮助我们勾勒出清晰、准确的线条，为后续的上色奠定基础。

进入色稿阶段，马克笔和彩铅是核心工具。马克笔颜色鲜艳、覆盖力强，但要注意颜色的叠加顺序，避免因颜色叠加而产生色差。彩铅则能提供柔和的色彩过渡，但使用时要注意适度叠加，避免画面过于杂乱或脏腻。

纸张的选择同样关键。在室内设计手绘中，我们通常会选择打印纸、硫酸纸或拷贝纸等。这些纸张质地平滑，能够很好地展现马克笔和彩铅的色彩效果。应避免使用表面凹凸或有颗粒的纸张，以免影响画面的整体效果。

为了达到更好的室内设计手绘效果，除了选择合适的工具外，我们还需要不断地实践和尝试，熟悉各种工具的属性和特点，掌握它们的使用技巧，以及学会如何搭配不同的工具并发挥它们的优势来进行室内设计手绘。通过不断地实践和尝试，我们可以逐步提升自己的手绘技巧，创作出更加精美、细腻的室内设计手绘作品。

第 **2** 章

基础线条训练

本章概述

本章主要介绍线条的多种风格及其绘制和训练方法。从刚硬挺拔的直线、柔中带刚的软直线到动感弧线、弯曲的曲线再到方向不一的自由线，每一种线条都有其独特的绘制要领和训练方法。此外，还将介绍线条的退晕、渐变和图案表现，以及线条在室内场景中的运用。

2.1　线条的风格

2.1.1　刚硬挺拔的直线

1. 直线的概念

　　直线是点在空间内沿相同或相反方向运动的轨迹。它没有端点，可以向两端无限延伸。直线不可测量长度，而在室内设计手绘中，我们画的直线往往有端点，类似于线段，这样画是为了使线条更具设计感，并体现虚实变化，如图2-1所示。

图2-1

2. 硬直线的绘制要领

　　（1）硬直线讲究起笔、回笔、运笔、收笔。起笔与回笔要快，收笔要稳，此外，还要保证起笔、回笔、收笔在一条直线上，如图2-2所示。

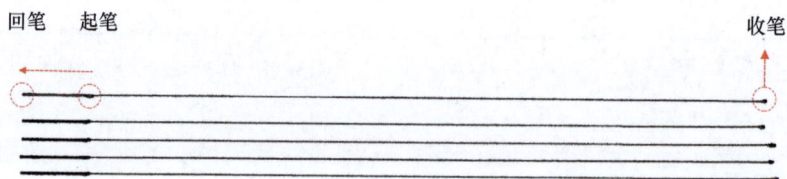

回笔　起笔　　　　　　　　　　　　　　　　　　　　　　　　收笔

图2-2

　　（2）绘制出的硬直线呈现出两头重、中间轻的特点，与素描排线两头轻、中间重相反，如图2-3所示。

图2-3

（3）手腕保持固定，以肩关节为活动点水平移动，可绘制横向硬直线，如图2-4所示。而竖向短直线通过食指垂直向下推动的方式来绘制，如图2-5所示。竖向长直线可以采用硬直线与软线相组合的方式来绘制，衔接时可断开，避免线条重叠，如图2-6所示。

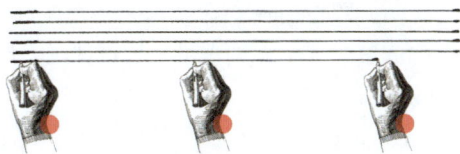

图2-4

图2-5

图2-6

（4）在室内空间的转折处，可以绘制硬直线，并让线条在交会处略微延伸，以增强视觉层次感和动态效果，提升整体设计感，如图2-7所示。至于极简主义风格的室内设计，硬直线则更能彰显设计的精简与稳重，呈现出简约而富有深度的效果，如图2-8所示。

图2-7

图2-8

3. 硬直线的训练方法

（1）通过人为规划点进行打点训练，以实现点与点之间的快速连接，从而达到训练效果，如图2-9所示。

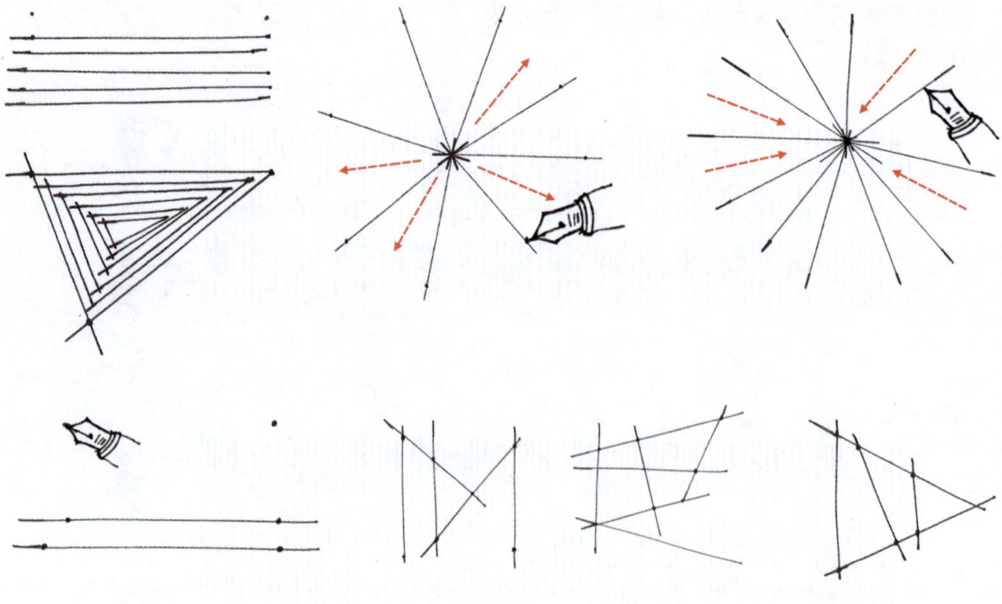

图2-9

（2）利用不同视角的方体进行快速练习，以提高硬直线的绘制能力，如图2-10所示。

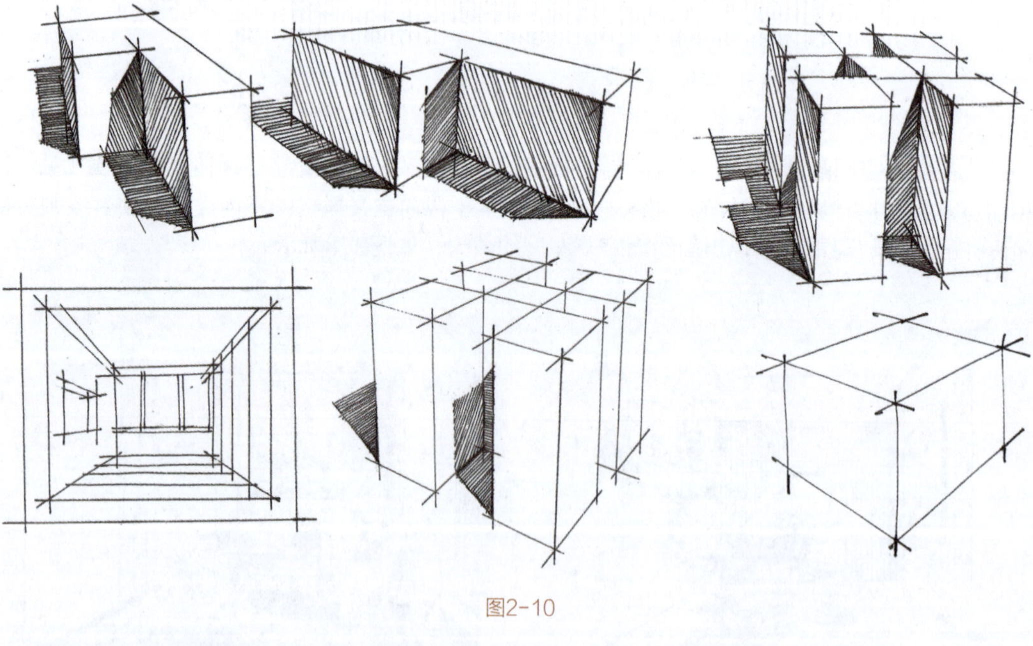

图2-10

（3）针对不同方向进行训练，进一步提升硬直线的绘制水平，如图2-11所示。

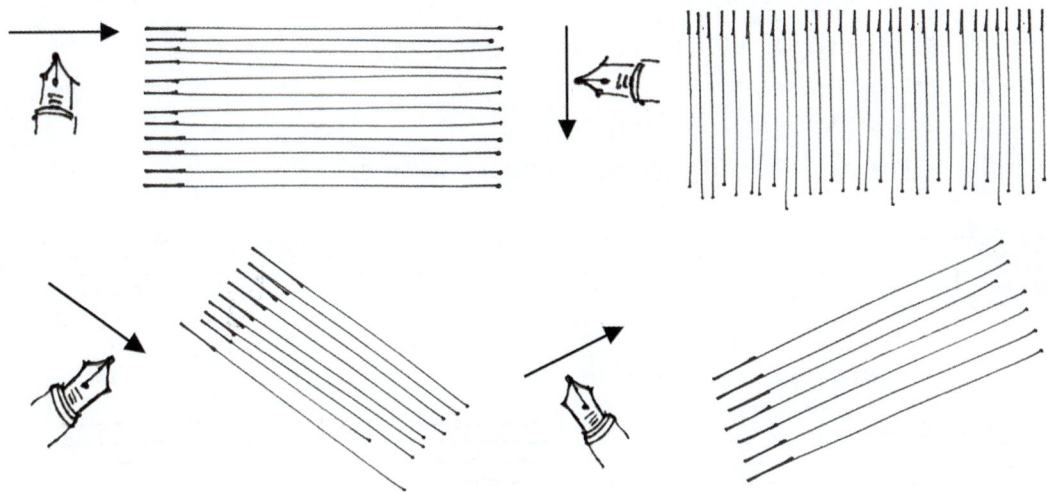

图2-11

（4）硬直线绘制的难点主要体现在间距较窄的面、平行双线和具有透视效果的双线的处理上，如图2-12所示。这3个方面对绘画者来说是最具挑战性的，也是硬直线绘制训练的重点。

图2-12

（5）硬直线训练中常见的错误总结。

错误1：起笔、回笔、收笔不在同一条直线上，如图2-13所示。

错误2：收笔起勾，如图2-14所示。

错误3：手腕活动导致线条弯曲，如图2-15所示。

错误4：刻意强调起笔和回笔，导致线条多次重叠，如图2-16所示。

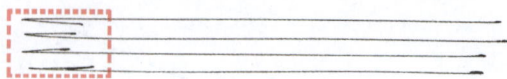

图2-13

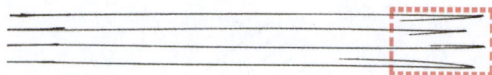

图2-14

图2-15

图2-16

2.1.2　柔中带刚的软直线

1. 软直线的绘制要领

（1）在软直线的绘制过程中，应注重小曲大直、流畅、生动和美观等原则，如图2-17所示。

（2）在绘制线条时，需保持力度与速度适中，避免出现黑点；如有必要，可适当断开，如图2-18所示。

（3）在绘制软直线时，应注意避免视线被手遮挡，以减小误差，如图2-19所示。

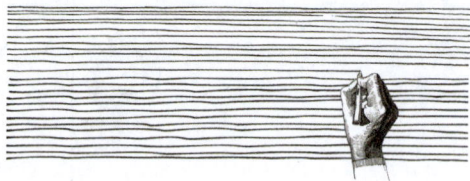

图2-17

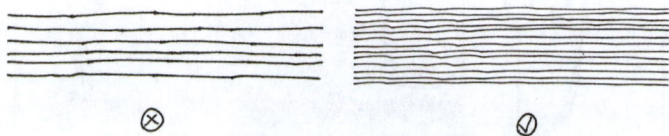

图2-18

⊗　⊘

图2-19

2. 软直线的训练方法

（1）从多个角度练习软直线的绘制，体会线条的独特魅力，如图2-20所示。

（2）在简约的室内空间中，专注于提升线条的绘制技巧，力求掌握软直线的绘制方法，如图2-21所示。

（3）通过几何形体的明暗训练提高疏密处理的能力，为后续空间明暗的塑造奠定基础，如图2-22所示。

（4）借助家具单品，进一步掌握软直线的绘制技巧，如图2-23所示。

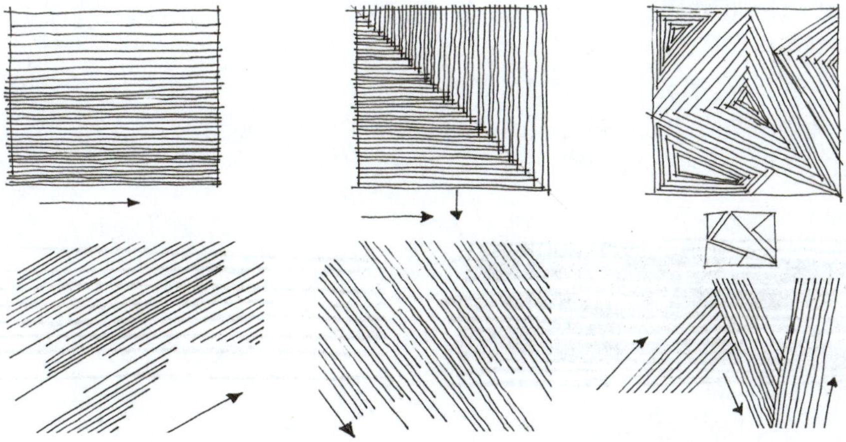

图2-20

图2-21

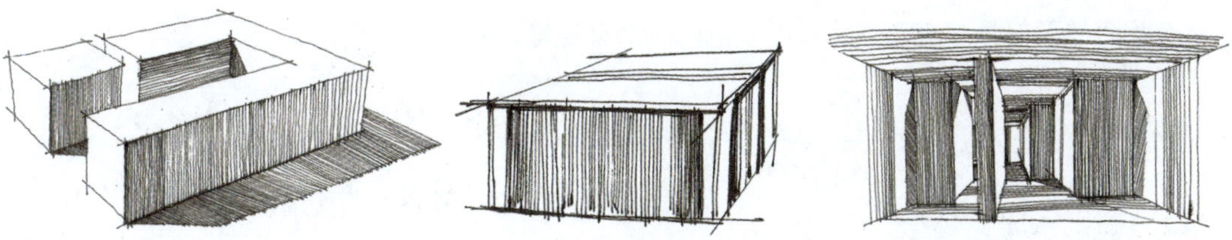

图2-22

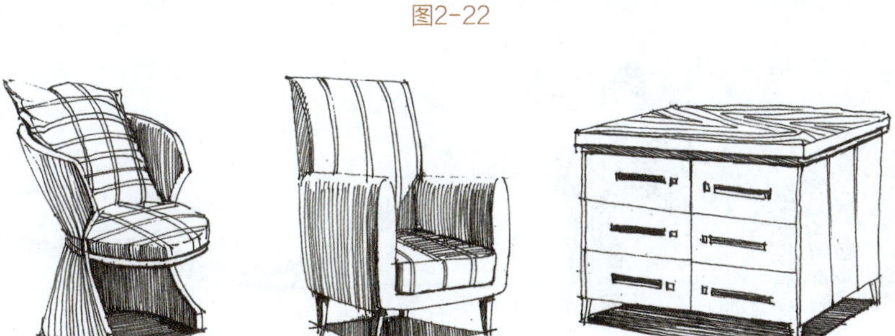

图2-23

（5）软直线绘制的错误总结。

错误1：线条多次重叠，导致线条又粗又黑，如图2-24所示。

错误2：停顿过久，出现黑点，如图2-25所示。

错误3：用力平均且缓慢，导致线条生硬、死板，如图2-26所示。

错误4：控笔弱，线条相交太多，如图2-27所示。

图2-24　　　　　　　　　　　　　　　图2-25

图2-26　　　　　　　　　　　　　　　图2-27

2.1.3　曲折有序的抖线

1. 抖线的概念

抖线在室内设计中常用于表现地毯、室内植物等元素，它通过手的自然抖动而形成，具有多种形态，如"几"字形、"3"字形、"W"形和"M"形等，这些形态不仅丰富了画面的视觉效果，还赋予其独特的艺术魅力，如图2-28所示。在绘制抖线时，注意控制"出头"的方向，可以有效避免画面过于单调，使整体画面更加生动、富有变化，如图2-29所示。

图2-28

图2-29

2. 抖线的绘制要领

（1）在绘制室内植物的轮廓形状时，注意伸缩变化的表现，以体现其不规则的美感，如图2-30所示。

（2）灵活运用线条伸缩自如的特点，避免将整个轮廓画成一条直线，如图2-31所示。

（3）抖线具有一定的节奏感，如图2-32所示，可以通过控制线条的起伏、快慢和强弱来表现不同的情感与气氛。

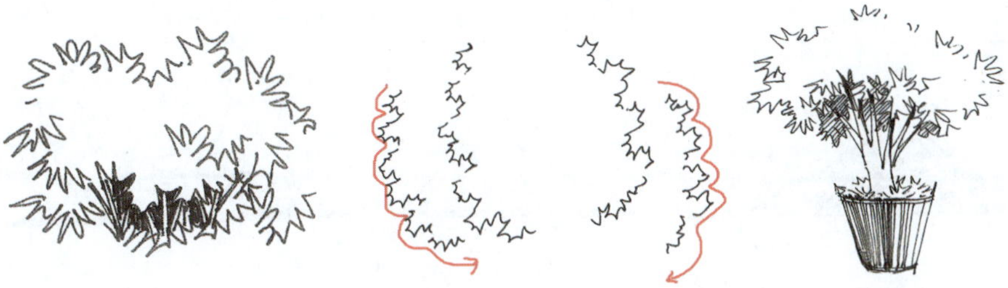

图2-30

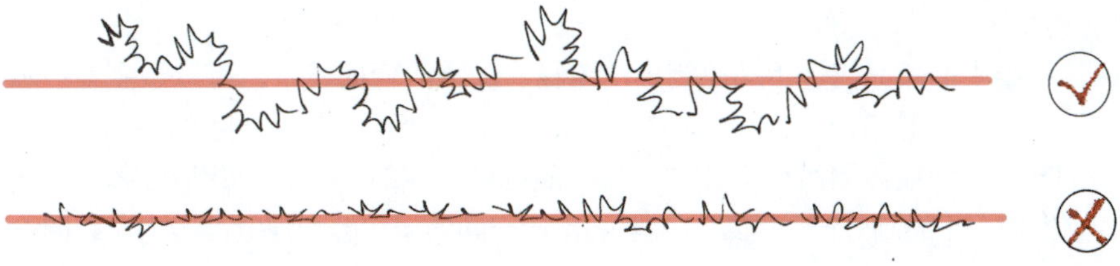

图2-31

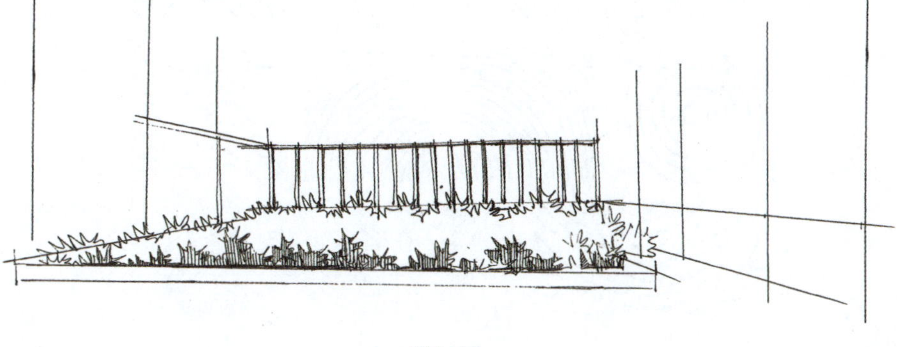

图2-32

3. 抖线的训练方法

（1）利用室内盆栽进行训练。盆栽在室内设计中十分常见，观察和描绘盆栽的轮廓形状，有利于提升灵活处理线条的能力，如图2-33所示。

（2）借助地毯进行训练。地毯在室内设计中具有举足轻重的地位，其图案和纹理为线条表现提供了丰富的素材。观察地毯的图案和纹理，关注其中线条的起伏、快慢和强弱变化，可以体会线条的节奏感，如图2-34所示。

图2-33

图2-34

2.1.4 动感弧线

1. 弧线的概念

室内设计手绘中的弧线，是手动绘制出的流畅、优雅的弯曲线条，可以是完整的圆弧或部分曲线，如图2-35所示。它常用于描绘家具的轮廓，如弧形沙发、餐桌（见图2-36）等，为室内空间增添柔美的气息。在墙体和吊顶设计中，弧线能打破直线的生硬感，营造温馨、有趣的空间氛围。同时，它也常用于绘制灯饰等的细节，增强室内空间的层次感和视觉冲击力，如图2-37所示。

图2-35

图2-36

图2-37

2. 弧线的绘制要领

弧线的绘制要领在于精准把握其最高点的位置，这是保证线条平衡与准确的核心。然后，连接起点、最高点和终点，沿着预定的轨迹绘制，弧度要自然，避免生硬的转折。同时，明确起点和终点的位置，能够更好地掌握弧线的方向和长度，如图2-38所示。最后，结合室内家具练习弧线，如室内吊顶、灯具等，使弧线更加优美流畅，如图2-39所示。

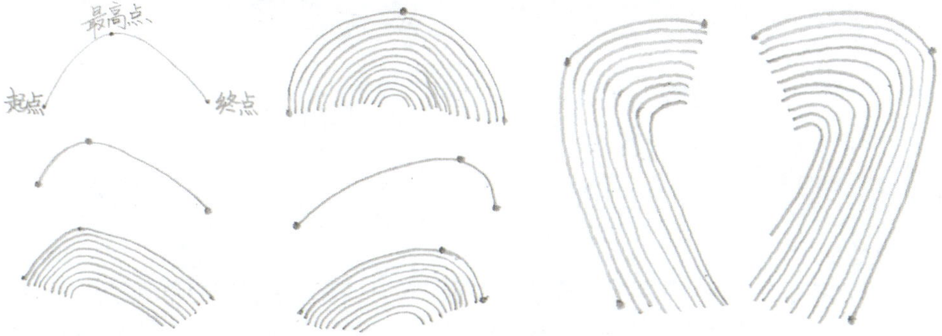

图2-38

图2-39

3. 弧线的训练方法

室内设计手绘中弧线的训练方法，具体总结如下。

（1）基础练习：从简单的弧线开始，练习绘制不同弧度的弧线，掌握不同弧度、方向和长度的弧线的绘制技巧，如图2-40所示。

（2）组合练习：结合室内家具进行弧线的综合练习，并与其他线条组合，提升其协调性和整体性，如图2-41所示。

（3）透视练习：利用室内空间进行弧线的透视练习，掌握透视空间中弧线的绘制技巧，如图2-42所示。

（4）临摹与创意练习：通过临摹优秀作品学习专业技巧，同时探索个人的创意风格。

（5）速度与准确性练习：在限定时间内提高绘制的速度和准确性。

（6）实践应用：将通过训练得到的经验应用于室内设计方案与项目中，提升应用能力。

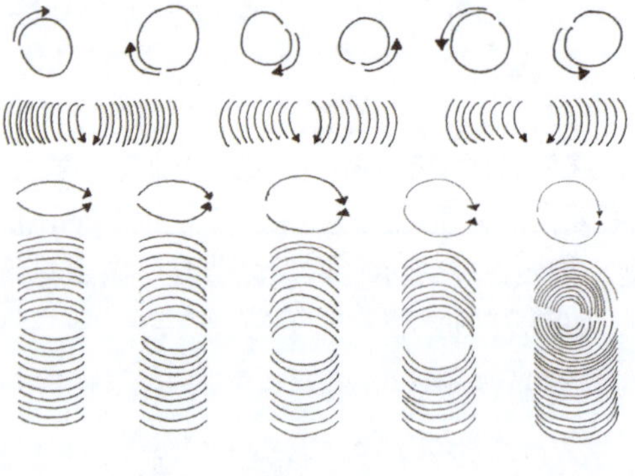

图2-40　　　　　　　　　　图2-41 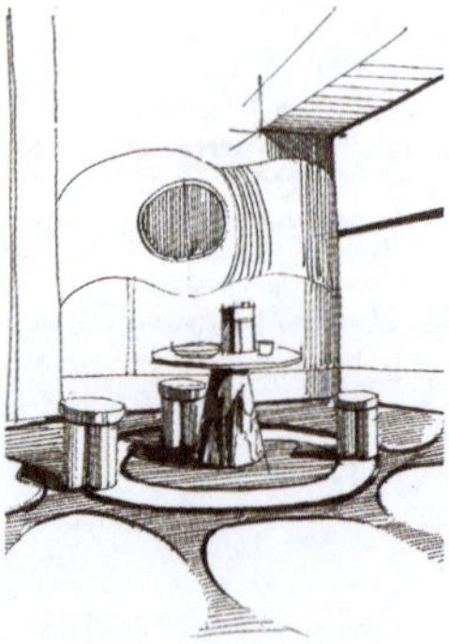　　　　　　　　图2-42

2.1.5　弯弯曲曲的曲线

1. 曲线的概念

在室内设计手绘中，曲线通常是指连续弯曲的线条，具有柔美、流畅和动态的视觉特点，如图2-43所示。曲线常用于塑造轮廓和装饰，能赋予作品生动感和艺术感，营造柔和、优雅的氛围，如图2-44所示。

图2-43 图2-44

2. 曲线的绘制要领

室内设计手绘中曲线的绘制要领主要包括以下几个方面。

（1）点的定位：需要精准定位曲线的起点、弧度控制点以及终点（见图2-45）的位置，为后续确定线条的走向奠定基础。

（2）力度与速度的平衡：力度适中可以确保线条的清晰度和纸张的完好，速度则关系到线条的流畅度和自然感。二者的平衡是保证手绘曲线质量的关键，如图2-46所示。

（3）走势的掌握：曲线的走势是手绘曲线的"灵魂"，需要根据设计需求，巧妙运用起伏、转折和延伸等变化，使曲线既符合美学原则，又满足功能需求，如图2-47所示。

（4）实践与练习：手绘曲线是一个需要不断练习和摸索的过程，通过实践可以逐渐掌握其绘制要领。

图2-45 图2-46 图2-47

3. 曲线的训练方法

要想掌握曲线的绘制方法，最佳的练习方式便是专注于曲线的透视关系训练。通过反复实践才能逐渐掌握曲线在空间中的透视关系，深入理解其形态变化的规律，如图2-48所示。同时，结合简单的家具等室内陈设进行轮廓造型的专项训练，不仅能提升造型能力，还能加深对空间感和物体形态的理解，如图2-49所示。

图2-48 图2-49

2.1.6 方向不一的自由线

1. 自由线的概念

自由线是一种具有松散特性的线条，它可以朝任何方向运动，并且具有凹凸变化和动感。这种线条不受固定方向或形状的约束，具有较强的灵活性和较高的自由度，能够展现出丰富多样的形态，如图2-50所示。自由线一般用于室内草图设计，如装饰挂画（见图2-51）、地毯等的绘制，以凸显设计的创新性和独特性。

图2-50　　　　　　　　　　　　　　　图2-51

2. 自由线的绘制要领

自由线的绘制要领总结如下。

（1）基础线条的掌握：自由线是在直线和曲线的基础上演变而来的，因此需熟练掌握这两种基本线条的绘制技巧。

（2）速度与流畅性：绘制自由线时，应尽量保证速度不发生改变，使其自然流畅，避免停顿和犹豫。

（3）线条的结合：自由线可以结合多种线条类型，如曲线、折线、直线等，以创造丰富的视觉效果，如图2-52所示。

（4）应用场景：自由线在室内装饰挂画绘制、地毯设计等方面有着广泛应用，如图2-53所示。

（5）灵动感与自由感：在绘制自由线时，应注重线条的灵动感和自由感，不要过于拘泥线条的具体造型，尤其在灵感草图绘制阶段。

（6）不断实践：为了真正掌握自由线的绘制技巧，需要不断地练习和实践，通过积累经验来提升自己的手绘技巧和艺术表现能力。

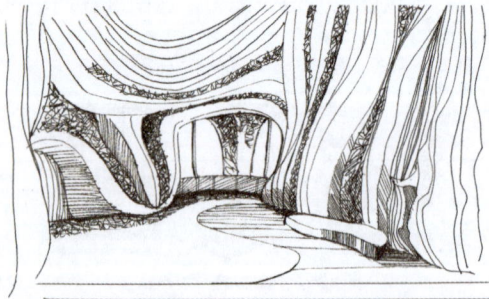

图2-52　　　　　　　　　　　　　　　图2-53

3. 自由线的训练方法

自由线可通过临摹图2-54进行练习。具体方法总结如下。

（1）参照地毯花纹，运用自由线进行抽象表现，提高线条的流畅性，能更好地把握线条的自然变化节奏。

（2）模拟暗部层次，提升控制线条力度与感知光影的能力。

（3）在草图设计中强调自由线的运用，推敲空间布局，激发设计灵感。

（4）观察编织物，培养对线条细微变化的感知能力和创意表达能力。

（5）分析装饰挂画，汲取灵感，提升线条在美学表达中的应用能力。

图2-54

2.1.7 线条的退晕与图案表现

1. 线条的退晕和渐变

退晕和渐变的线条可为室内陈设注入灵魂；深邃与柔和的交融，可带来层次丰富、和谐统一的视觉效果。将线条的退晕与渐变合理运用于室内空间设计中，能让画面更加细腻，为室内空间增添独特的魅力。

直线的退晕与渐变如图2-55所示。

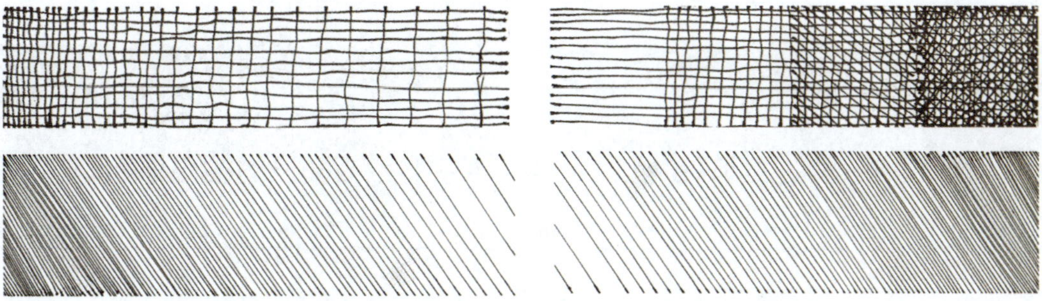

图2-55

抖线的退晕与渐变如图2-56所示。

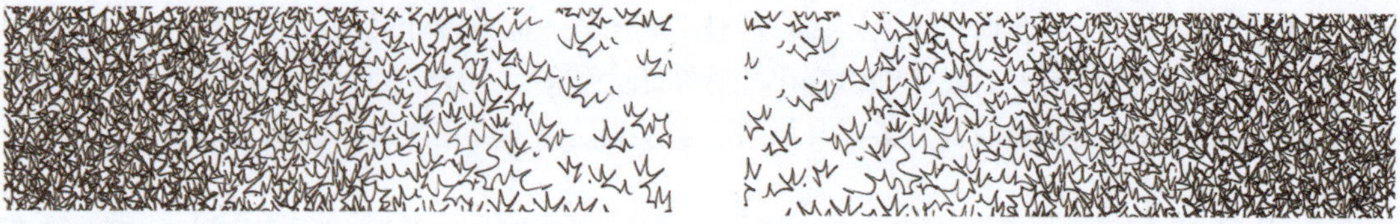

图2-56

弧线的退晕与渐变如图2-57所示。

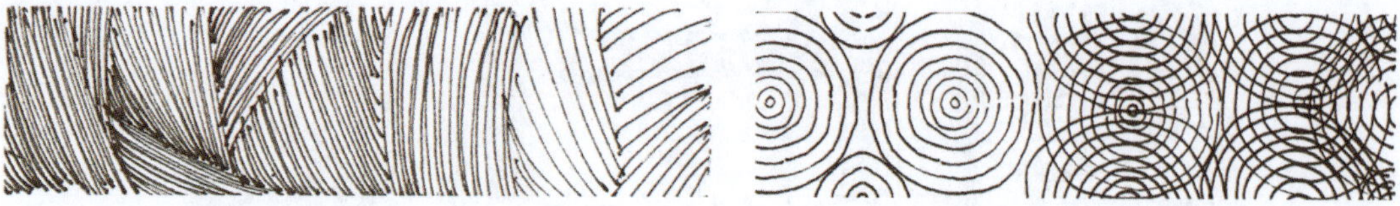

图2-57

曲线的退晕与渐变如图2-58所示。

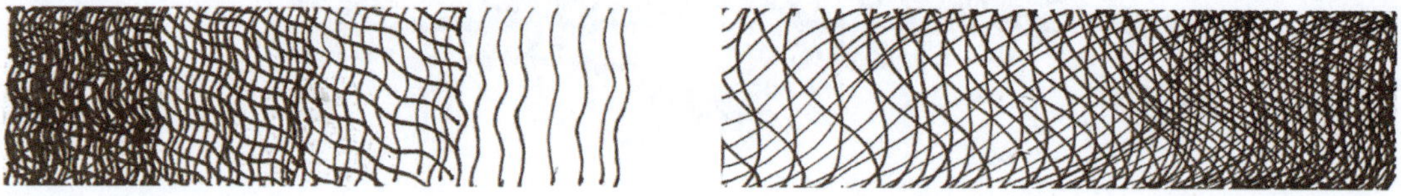

图2-58

自由线的退晕与渐变如图2-59所示。

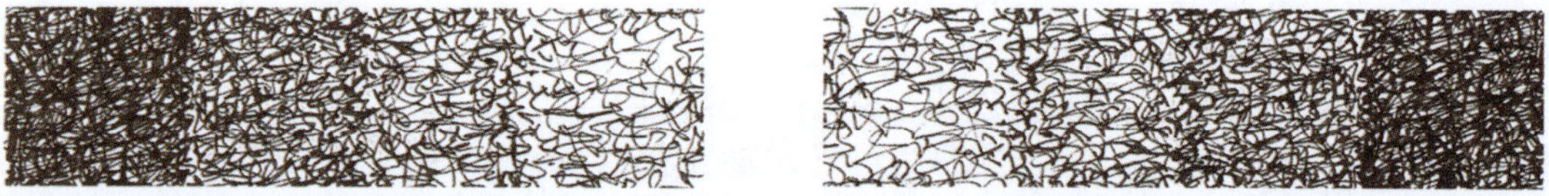

图2-59

点的退晕与渐变如图2-60所示。

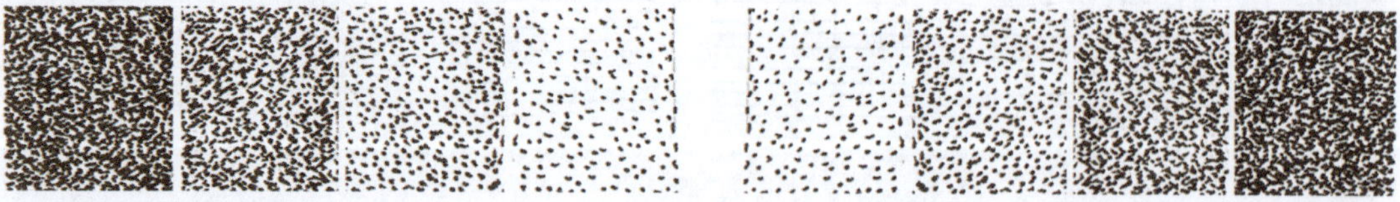

图2-60

2. 图案表现

在室内设计手绘中对图案进行表现，是创造独特视觉效果和营造空间氛围的重要手段。通过巧妙的图案设计，不仅可以增加室内空间的艺术气息，还能赋予空间独特的个性与风格，如图

2-61所示。在室内设计中，图案可以应用于墙面（见图2-62）、地面、天花板、家具以及装饰品（见图2-63）上，成为空间中的亮点。

图2-61

图2-62   图2-63

　　图案的表现技巧在室内设计手绘中也非常重要。掌握线条的运用、色彩的搭配以及构图的比例关系等基本技巧，可以使图案更加生动，从而达到理想的视觉效果，如图2-64所示。

　　在创作过程中，设计师需充分发挥想象力，巧妙融合图案与空间设计。例如，提取中国传统书画中的梅兰竹菊元素，并结合对自然与人文元素的观察和分析，汲取灵感，创作出别具一格的室内空间，其中图案的设计使整个空间富有文化艺术气息，如图2-65所示。

图2-64   图2-65

2.2 线的综合运用

2.2.1 线的基本组合形态

在室内设计手绘中，线条形态对空间感和立体感的呈现至关重要。直线带来稳定与层次，曲线与弧线展现流畅与柔美，抖线具有动感与变化，而自由线则彰显个性与创意。设计师应灵活运用这些线条形态，根据设计需求进行组合与搭配，创造出独特的室内空间效果。例如，以直线为主的现代简约风格室内空间（见图2-66），以曲线为主的异形室内空间（见图2-67）。要掌握线条的形态，大量练习是必不可少的。通过观察和临摹优秀作品汲取灵感，灵活运用线条，便可创造出富有创意和美感的空间。

图2-66   图2-67

2.2.2 室内场景中线的运用

在室内设计中，线的运用不仅是视觉效果的呈现，更是情感与文化的表达。下面通过4种风格的室内空间设计进一步探讨线条的应用。

（1）新中式风格：线条简练而不失精致，墙面或天花板的装饰采用回字纹或波浪形，为整个空间注入自然气息；而绘制家具采用的直线则凸显了空间的简约与内敛，如图2-68所示。

（2）现代简约风格：强调光线的流通与形状的简洁。利用大块面的平整线条，使空间更加通透，同时搭配自然元素（如绿植），为室内空间带来生机，如图2-69所示。

（3）北欧风格：线条以几何图形为主，展现出秩序感与形式美，如菱形、直线等元素频繁出现，与家具、地板相呼应，营造出宁静、雅致的氛围，如图2-70所示。

（4）清新田园风格：以自然舒适为核心，色彩柔和，家具质朴实用，在装饰上点缀自然元素来增添生机，营造静谧、惬意的氛围，让人尽享大自然的宁静与美好，如图2-71所示。

线条在室内空间设计中扮演着重要的角色。根据不同的风格和需求，灵活运用线条，可以创造出富有情感与个性的室内空间，为人们带来愉悦的视觉享受和艺术体验。

图2-68

图2-69

图2-70

图2-71

2.3 本章小结

　　通过对基础线条相关知识的学习，我们深入了解了线条的多样性和可塑性，掌握了从刚硬挺拔的直线到柔中带刚的软直线，再到动感的弧线和弯曲的曲线等各种线条的绘制技巧。此外，我们还学习了线条在室内设计中的应用，理解了如何将线条与室内空间的功能和风格相结合，创造出舒适、和谐且富有艺术气息的室内环境。通过实践练习和案例分析，我们能够更灵活地运用线条来表达情感和创意，提升自己的艺术表现能力和设计水平。

2.4 课后实战练习

2.4.1 使用A4纸按照训练方法练习不同类型的线条

　　使用A4纸按照训练方法练习手绘设计效果图中常用的线条。以下是针对已基本掌握线条绘制技巧的读者的短期突击训练计划，但需注意，线条的熟练掌握需要长期的练习。

（1）控笔练习：每天画满4张A4纸，线条尽量排得密集些，主要练习控笔能力，时长为一周。

（2）几何形体训练：结合几何形体进行训练，时长为一周。

（3）搜集实景图片：搜集具备曲线和弧线造型的室内实景图片，将其作为练习的参考对象，如梅溪湖文化艺术中心的室内空间（见图2-72）、售楼处室内空间（见图2-73）、餐饮空间、异形建筑等，时长为一周。

（4）曲线和弧线的针对性训练：结合室内家具单品以及相对简单的室内空间进行专项练习，时长为一周。

图2-72

图2-73

2.4.2 结合室内场景练习线条

线条练习对室内设计师来说至关重要，结合室内场景进行练习，不仅能提升绘画技巧，还能增强对空间感和物体形态的理解。通过概念性设计或观察实景图片，我们可以尝试绘制不同风格的室内线稿作品，或者通过线条创造迷幻空间。这样，我们能更熟练地掌握各类线条的运用，为未来的设计作品增添更多的创意。下面提供一些室内线稿作品及用线条创造的迷幻空间，供读者品鉴与研究。

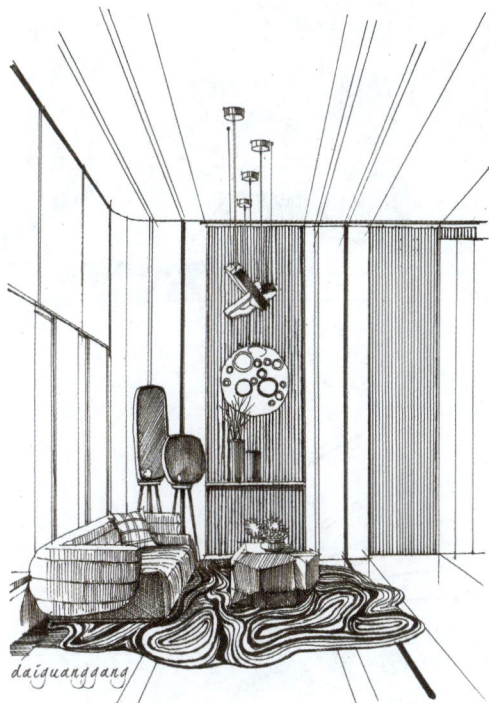

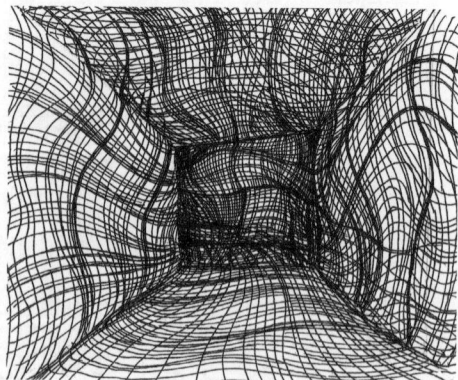

第 **3** 章

构图与透视

本章概述

本章将深入探讨构图的基础知识，包括其基本原理与规律、常规类型、要点以及尺度与比例。同时，本章还将解析一些常见的构图问题，避免读者在设计过程中走入误区。此外，透视的理论知识与表现也是本章的重点内容。本章将介绍透视的基本概念、基本术语，以及不同类型的透视方式，如一点透视、一点斜透视和两点透视。通过理解并掌握这些透视方法，读者能够更准确地表现室内空间的深度和立体感。

3.1 构图的基础知识

3.1.1 构图的基本原理与规律

室内设计手绘构图的基本原理与规律，主要体现在如何有效地在二维平面上布局和安排室内的各种元素，以传达出设计的理念和表现出设计的空间感。以下是一些关键的原理与规律。

（1）对称与平衡：室内设计手绘常利用对称构图来创造稳定与和谐的视觉效果。家具、装饰物和其他元素可以基于中心线或对称轴进行布局，使画面看起来平衡和统一，如图3-1所示。

（2）透视与深度：在室内设计手绘表现中，正确掌握透视原理对于创造深度感至关重要。通过运用线条的远近、粗细、虚实等变化，可以在平面上模拟出三维空间的效果，使画面更具立体感和真实感，如图3-2所示。

图3-1

图3-2

（3）焦点与引导线：设计师需要确定画面的焦点，这通常是画面中最重要或最引人注目的元素。同时，可以通过线条、色彩或形状等元素来引导观众的视线，使画面呈现出动态感和层次感，如图3-3所示。

（4）比例与尺度：手绘室内设计效果图时，要注意元素之间的比例和尺度关系是正确的，以确保画面的准确性和真实性。家具、装饰物等的大小、位置和相互关系都需要根据实际情况进行绘制，如图3-4所示。

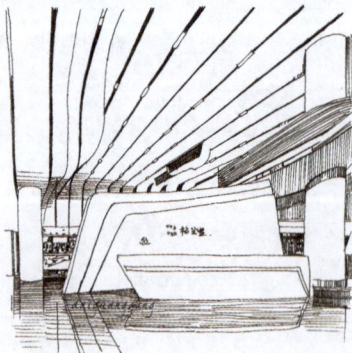

图3-3

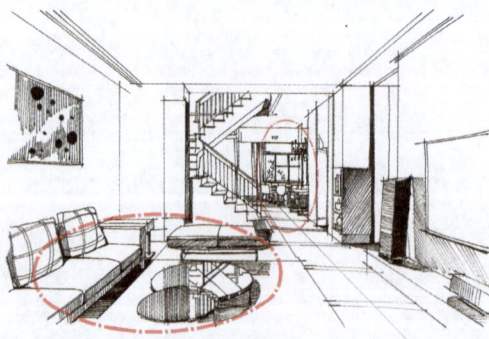

图3-4

（5）简化与提炼：构图需简洁明了，避免过多的元素和细节干扰画面的整体感。设计师需要提炼出设计的核心元素，通过简化背景、突出主题等方式，使画面更加清晰、有力，如图3-5所示。

（6）色彩与质感：色彩和质感是室内设计手绘中不可忽视的元素。通过运用色彩的对比与调和，以及质感的细腻表现，可以增强画面的视觉冲击力和表现力，如图3-6所示。

图3-5

图3-6

3.1.2 常规的构图类型

1. 均衡式构图

室内设计中的均衡式构图注重平衡和协调。通过合理安排家具及装饰品的位置、大小和色彩，可以营造稳定、协调的氛围。利用对称性，色彩搭配、材质和灯光效果的协调，可以创造出舒适、优雅的空间，提升居住的舒适度和审美体验，如图3-7所示。

图3-7

2. 对称式构图

室内设计中的对称式构图强调平衡和秩序，常用于正式或古典的场合。通过家具、装饰品的左右对称布置，可以营造稳定、庄重的氛围。这种构图能够增强空间的层次感，使设计更精致、有格调，如图3-8所示。

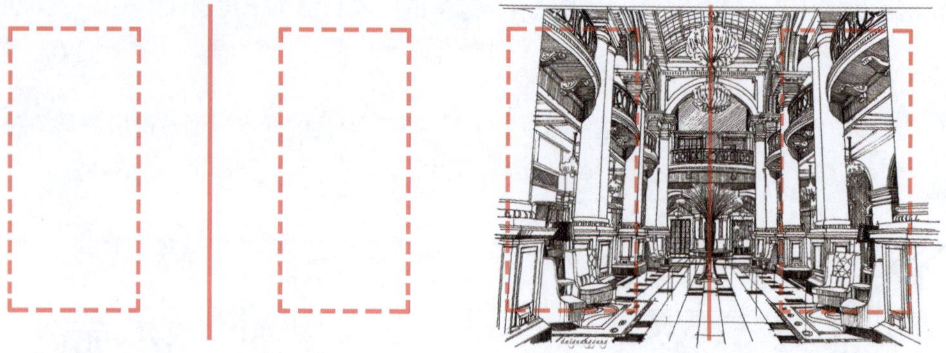

图3-8

3. 垂直式构图

室内设计中的垂直式构图利用垂直线条的排列和组合，可以呈现出高挑、挺拔的视觉效果。在墙面、天花板的设计中，垂直线条能够增强空间的高度感或向上延伸感，如图3-9所示。结合其他元素（如水平线条、圆形、曲线），可以创造出更丰富的立体空间效果。

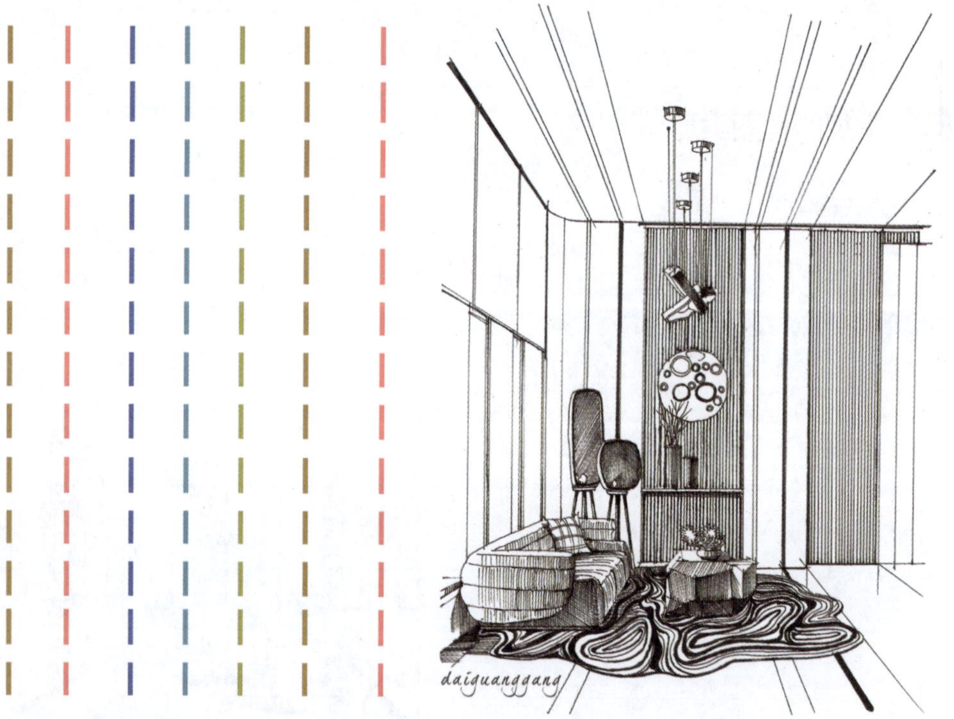

图3-9

4. 变化式构图

室内设计中的变化式构图追求自由与趣味性，会特意将家具、装饰物等元素巧妙安排在室内的某一角或某一边（见图3-10），这种布局方式不仅赋予空间深邃感，更能激发人们的思考与想象，提供进一步探索与判断的可能性。通过不同家具、装饰品的精心排列与组合，以及材质、颜色、纹理的巧妙搭配，可以创造出多样化、个性化的室内环境，为居住者带来新鲜感。

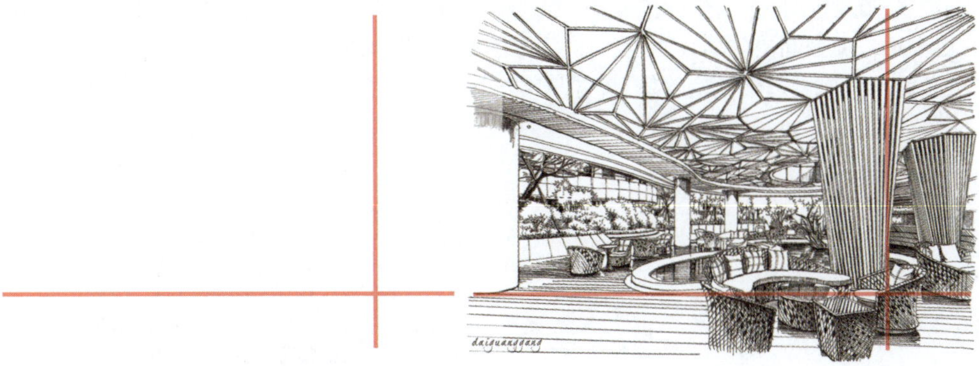

图3-10

5. 中心式构图

室内设计中的中心式构图将重点元素置于中心位置，具有强烈的视觉冲击力（见图3-11）。通过明暗对比、色彩对比、大小对比，以及光影、镜面等元素的运用，可以增强中心式构图的表现效果，从而打造聚焦、集中的室内空间，增强画面的集中感。

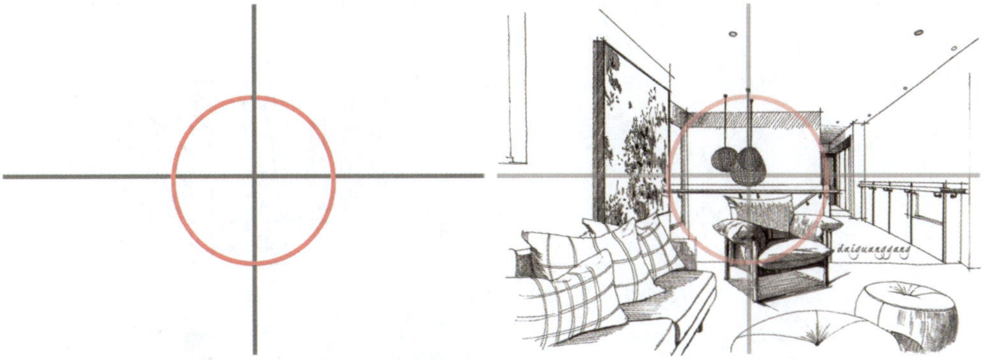

图3-11

6. 几何构图

① 水平式构图通常具备宁静、平和、安逸、稳固等特质。它常常被用来展现宽敞、平稳的空间元素，如地面、天花板等，如图3-12所示。通过合理的构图比例、流畅的线条、丰富的元素等，水平式构图可以创造出极具宁静感的场景，使室内空间更舒适、和谐，具有美感。

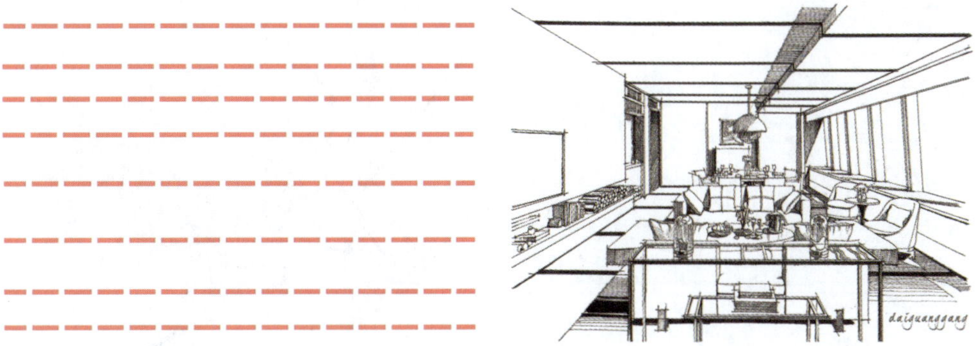

图3-12

② L形构图通过L形线条来分隔和组织空间。它利用家具、隔断、墙面等元素体现空间的导向性和层次感，使空间更生动、有趣。L形构图广泛应用于客厅、餐厅、卧室等空间，通过不同的L形线条组合可以创造出独特的效果，提升居住空间的品质和美感，如图3-13所示。

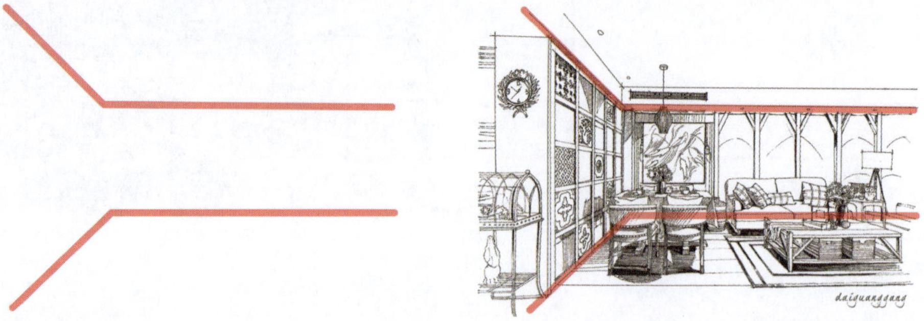

图3-13

③ S形构图可以突出空间的流动性和立体感，这类构图方式通过S形曲线凸显主体，引导观者的视线，赋予空间动态感和生命力。在家装和公装场合中，恰当运用S形曲线表现吊顶、家具、地面铺装等元素，可塑造出富有趣味性的空间效果，如图3-14所示。结合垂直式、放射式构图，能丰富空间层次，使画面具有较强的韵律感。

图3-14

④ X形构图可以强调主题，增强视觉冲击力，利用元素在客厅（见图3-15）、卧室等空间的位置创造引人注目的效果。X形构图通过元素之间的对比和呼应，使室内空间生动、有趣。合理运用X形构图，能突出视觉焦点，为室内空间增添独特的魅力。

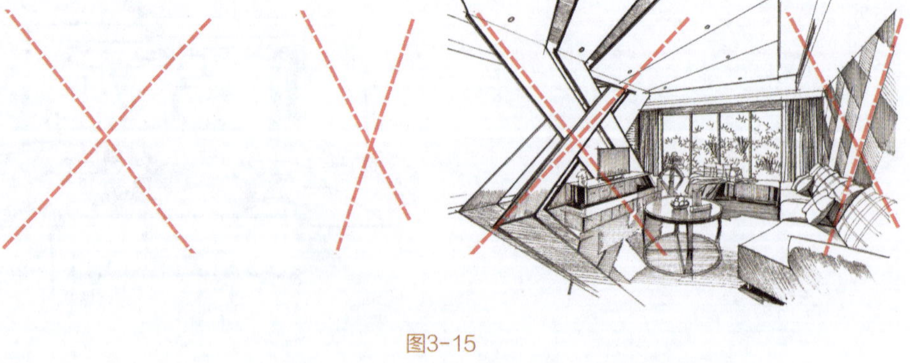

图3-15

⑤ 三角形构图以三角形为主要特征，通过合理布局突出空间的重点：通过墙面、家具、装饰品等元素的巧妙搭配，能够营造出稳定、平衡或动态的视觉效果。三角形构图具有较强的视觉冲击力和稳定性，适用于客厅、卧室等各类空间，如图3-16所示。

图3-16

⑥ 方形构图以规整和平衡为主要特点，通过家具、装饰品等元素的组合，可给人以简洁、对称或平衡的感觉。方形构图适用于客厅、卧室（见图3-17）等空间，可表现空间的功能性和装饰效果。通过不同角度和组合方式设计空间，可营造出变化感和动态感，使空间更生动、有趣，并呈现出饱满而完整的视觉效果。

图3-17

⑦ 圆形构图在室内设计中是一种经典且富有魅力的构图方式，强调和谐与统一。通过巧妙运用家具等元素，可以实现聚焦效果，从而引导观者视线，突出主题，并增强层次感。圆形构图具有视觉冲击力，能够吸引观者注意，并提升空间的舒适度。根据空间大小和功能需求灵活调整布局，可创造出和谐、统一的室内空间，提升设计品质，如图3-18所示。

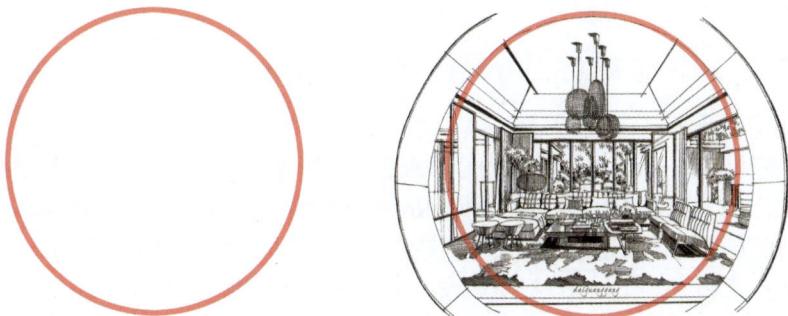

图3-18

⑧ 椭圆形构图在室内设计中是一种独特且富有创造性的构图方式，可使空间设计具有整体感与统一感，并带来旋转、运动、收缩等视觉效果。它利用椭圆形元素营造平衡、和谐的空间氛围。将椭圆形元素与其他设计元素结合，可以创造出丰富和立体的空间效果。椭圆形构图适应性很强，能适应不同的空间和布局要求，为室内设计增添更多的魅力和美感，如图3-19所示。

图3-19

7. 对角线构图

在室内设计领域，对角线构图也很常见，它能创造出富有活力和动感的效果。在各种设计场景中，如家具摆放、墙面装点和灯光布置等环节，均能看到对角线构图的身影。对角线构图与其他构图方式相结合，能创造出丰富且立体的空间视觉效果。巧妙地运用对角线构图，有助于突破传统束缚，打造独特且富有趣味的室内空间，如图3-20所示。

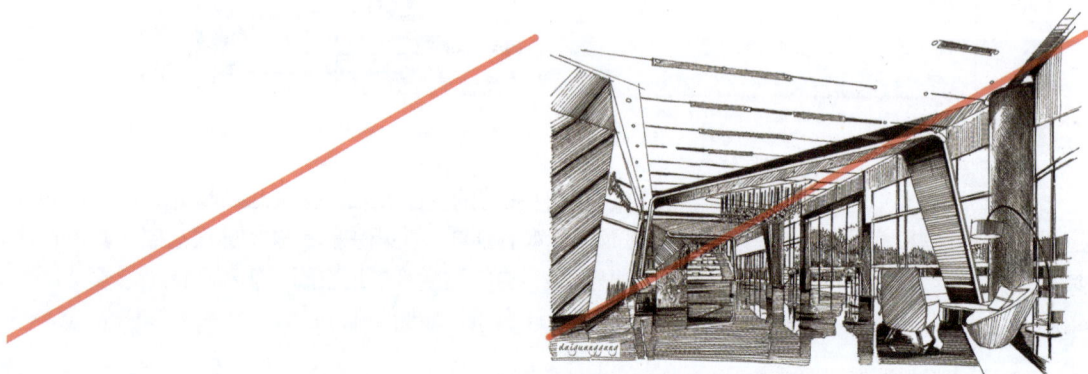

图3-20

8. 黄金分割构图

黄金分割构图是一种广泛应用于绘画、摄影及电影等领域的经典技法，其在室内设计中亦发挥着重要作用，有助于打造和谐、美观且舒适的空间氛围。黄金分割构图的基本理念在于将画面沿水平和垂直方向分成三等份，构建九宫格布局，进而将画面主体置于黄金分割点或线上，以优化视觉效果，如图3-21所示。在室内设计中，这种构图形式可广泛应用于家具摆放、墙面装饰、灯光布局等环节。

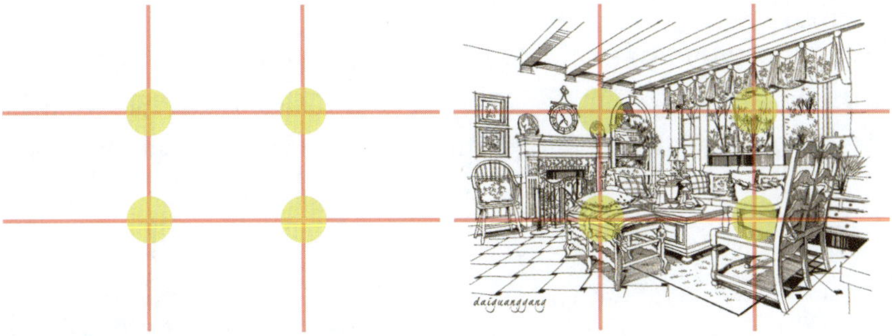

图3-21

3.1.3 其他构图形式

1. 紧凑式构图

在室内设计领域，紧凑式构图同样得到广泛应用。例如，在绘制室内装饰或家具时，通过紧凑式构图突出某一特定元素，强化其细节与特色，从而呈现出独特的视觉效果。此种构图形式类似于施工图中的索引详图，其核心在于凸显局部细节。换言之，紧凑式构图的作用是对细节进行局部放大处理，使其得以清晰呈现，令人印象深刻，如图3-22所示。

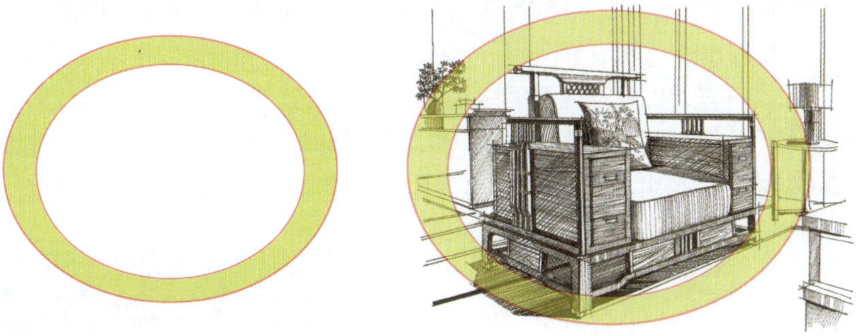

图3-22

2. 小品式构图

室内设计中的小品式构图通过巧妙的布局和细节描绘，将平凡的室内空间陈设转化为富有情趣和创意的画面。这种自由、不拘一格的构图形式，为室内空间增添了别样的艺术感和独特的魅力，如图3-23所示。

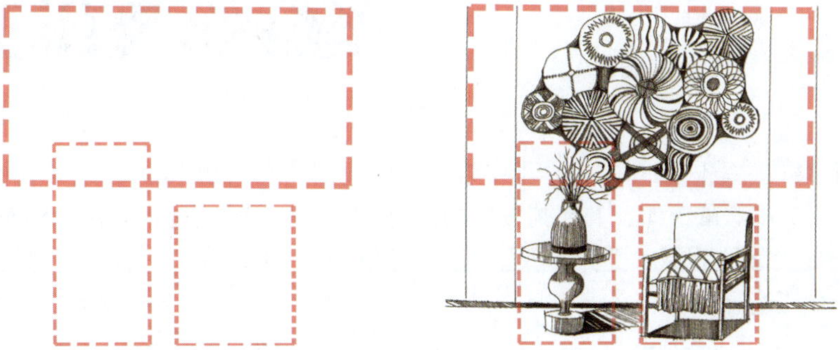

图3-23

3. 斜线式构图

在室内设计中，斜线式构图运用倾斜的线条打破平衡，为画面注入动感和活力。此种构图形式具有强烈的视觉冲击力和动感。在室内设计领域，斜线式构图可与现代简约风格或传统风格相结合，亦可与其他构图形式相融合，从而塑造出更为丰富的画面效果，如图3-24所示。

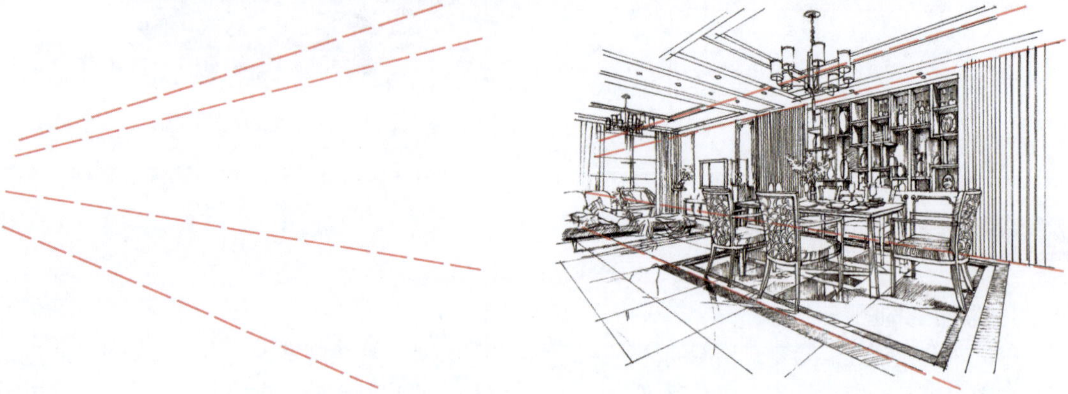

图3-24

4. 放射性构图

放射性构图是一种具有开放性和动感的构图形式，可以分为向四周扩散和向中心汇聚两种形式。

① 四周扩散式。它通过将室内空间中的各类陈设布置成向四周扩散的放射状，将观者的注意力集中在画面主体上，具有开阔、舒展、扩散的效果，如图3-25所示。这种构图形式常用于需突出主体且场景较为复杂的场合，也可用于在较复杂的情况下创造特殊效果。

图3-25

② 中心汇聚式。室内空间主体处于中心位置，而四周景物朝中心集中，这种构图形式能够将观者的视线引向中心的主体，并起到聚集的作用。它具有突出主体的作用，但有时也可能产生压迫中心、局促沉重的感觉。例如，教堂内的穹顶壁画（见图3-26）能很好地聚焦视觉中心，但也会给人一种压迫感。

图3-26

3.1.4 构图要点

1. 布局合理

室内设计手绘中的布局合理是指室内空间中的各类陈设的布局要疏密有致，通过运用合理的构图形式，系统地规划画面的布局，如图3-27所示。构图形式多种多样，但每种构图都应确保室内空间的陈设布局均衡，画面内容应具有重心和稳定感，且应包含中心主体，展现虚实变化和相互呼应的特点，避免出现上下浮动、物体膨胀扭曲、物体结构变化和"面面俱到"等问题。

2. 主次分明

在室内设计手绘中，主次分明的布局至关重要。主景和次景的虚实关系决定了空间的层次感和视觉焦点，避免只刻画主景或只刻画次景，否则会导致主景孤立或缺乏主体。要合理安排主景和次景，使它们之间产生呼应关系，如远近、大小、高低或虚实等，以凸显主景并增强空间感。如图3-28所示，通过精心布局，室内卧室空间呈现出主次分明的效果，观者能够自然地感受到该空间的氛围，领略到该空间的美感。

图3-27

图3-28

3. 特点突出

在室内设计手绘中，特点突出是作品的核心。新中式风格的客厅（见图3-29）将古朴典雅与现代创意完美融合，构图巧妙，特点鲜明，独具魅力。该设计巧妙运用线条和色彩，充分展现了空间层次与古朴的韵味；家具摆设、装饰点缀以及空间布局都经过深思熟虑，和谐统一且特点突出，让新中式风格在室内设计手绘中绽放出绚丽光彩。

图3-29

3.1.5 构图的尺度与比例

　　构图的尺度与比例是影响画面空间感的关键性因素，为了帮助读者更好地理解，这里从3个方面展开说明。

　　（1）人物参照：室内设计中，人物参照是关键。基于人体工程学原理，以人物作为直接参照，如图3-30所示，精确把握空间尺度与比例，确保空间宽敞实用，能够满足人们的日常活动的需求，营造出舒适的环境。

　　（2）家具参照：家具尺寸需与空间相匹配。如图3-31所示，家具过大会使空间显得拥挤、狭窄；而家具过小则会使空间显得空旷（见图3-32）。因此，需精心选择家具的尺寸，确保其与整体空间相协调，以营造和谐的氛围，如图3-33所示。

图3-30

图3-31

　　（3）高度和色彩：空间的高度与色彩同样是影响室内环境的重要因素。适当提升高度能够增强空间的开阔感，而色彩则能够调节室内空间的氛围。可根据实际情况调整空间的高度和色彩搭配，打造出既美观又实用的室内空间，让人们在其中感受到愉悦与放松。例如，复式别墅的室内空间设计便很好地体现了这一点，如图3-34所示。

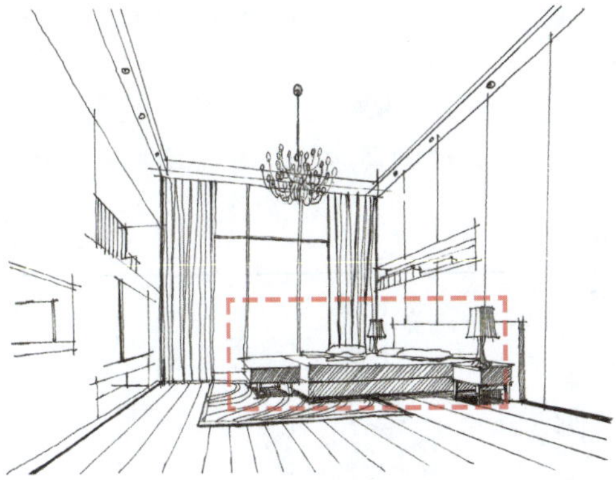

图3-32

图3-33

图3-34

3.1.6 常见构图问题解析

1. 构图偏小

（1）问题分析：在室内设计中，构图偏小是一个常见的问题，会导致画面空洞，缺乏足够的视觉冲击力（见图3-35）。导致该问题的主要原因如下。

① 参照物选择不当：在开始设计时，选择的参照物太小，导致后续的构图无法充分展开，留下了大量空白。

② 整体观察不足：缺乏对整体画面的把控能力，无法准确预测画面的最终效果。

③ 心理暗示的影响：由于实际景物庞大，设计师可能产生一种心理暗示，认为必须缩小景物尺寸才能适应画面，导致了越画越小的趋势。

（2）矫正方法有以下几种。

① 确定参照物：首先，要确定参照物在画面中的位置，确保其大小适中，能够承载想要表达的元素。

② 整体观察：从宏观角度审视整个设计，确保画面中的元素都能得到合理的安排，不会让画面过于拥挤或空旷。

③ 大胆构图：不要拘泥于细节，而要从整体出发，考虑景物的距离、大小和高度，构建一个层次分明、饱满的构图。

④ 避免局部刻画：确保画面有明确的中心和重点，避免过度关注某个局部而忽略了整体效果。

通过上述方法，设计师可以有效地解决构图偏小的问题，使画面达到平衡且饱满的效果，如图3-36所示。

图3-35

图3-36

2. 构图过满

（1）问题分析：在室内设计手绘中，主体偏大、构图过满也是一个常见的问题。这会导致画面过于拥挤，缺乏"透气"感，给观者带来压抑的感觉。导致该问题的主要原因是设计师过于关注细节，忽略了整体效果和比例关系，如图3-37所示。

（2）矫正方法有以下几种。

① 适当留白：在画面中适当留出空白区域，给观者提供想象空间，增强画面的层次感。

② 全面把控：从整体到局部进行构图设计，注重比例关系，避免画面过于拥挤。

通过以上的矫正措施，可提升画面的合理性，突出画面的主题，使空间关系更合理，如图3-38所示。

图3-37

图3-38

3. 构图偏移

（1）问题分析：在室内设计手绘中，主体（如家具、装饰物等）的位置对画面整体效果的呈现至关重要。若摆放不当，如过于偏左（见图3-39）或偏右（见图3-40），会导致画面重心失衡，影响视觉效果。这通常是在构图时过于关注细节而忽略了整体比例关系造成的。

（2）矫正方法。为解决此问题，可采用均衡构图的技巧。首先，构思整个画面的布局，确保主体位置合适，并与其他元素相互呼应。然后，通过合理安排家具、装饰物的摆放位置，使画面重心稳定，避免偏移。同时，注意画面前后和左右的虚实处理，增强空间感。通过这些矫正措施，画面将更加和谐、主题将更加突出、空间关系将更加合理，如图3-41所示。

图3-39　　　　　　　　　　　　　　　　　图3-40

图3-41

4. 主体不明确

（1）问题分析：在室内设计手绘中，由于对整体画面的掌控能力不足，常常出现画面主体不明确的问题。如果过于关注局部细节，那么会导致构图过于平淡，前后关系模糊不清，主景与次景难以区分，画面缺乏视觉焦点。例如，现代风格卧室空间（见图3-42）由于没有处理好主景与次景之间的关系，画面显得平淡且缺乏重点，没有形成有效的视觉引导。

（2）矫正方法：为了解决画面主体不明确的问题，设计师需要增强对整体画面的把控能力，需要加大对主体的刻画力度，使其从次景中凸显出来。如图3-43所示，通过刻画画面中的床及投影，形成鲜明的明暗对比，从而突出主体，为观者提供了一个明确的视觉焦点，使画面更具层次感和立体感。

图3-42

图3-43

3.2 透视的理论知识与表现

3.2.1 透视概述

1. 透视的概念

透视一词源于拉丁文"perspclre"（意为看透），最初表现方法是通过透明平面观察景物，将所见景物精确绘制于该平面上，形成景物的透视图。之后，透视学便成为一门在平面画幅上根据一定原理，运用线条展示物体空间位置、轮廓和投影的科学。

在室内设计手绘中，透视是展现空间深度和立体感的关键技巧。它模拟人眼视觉，帮助设计师在二维平面上精准展现室内墙面、地面、天花板及家具的三维关系和比例。这种技巧的应用，不仅强化了设计的空间感，还给观者带来了身临其境的感受，使设计作品更具艺术性和专业性。

下面通过3幅设计图来更直观地了解透视概念。首先，一点透视（平行透视）应用于现代主义风格的客厅与餐厅的综合空间设计中，如图3-44所示；其次，一点斜透视（微角透视）应用于别墅客厅的设计中，如图3-45所示；最后，两点透视（成角透视）则应用于田园风格的客厅设计中，如图3-46所示。在这3幅设计图中，透视原理的运用使得三维效果得到了淋漓尽致的呈现。

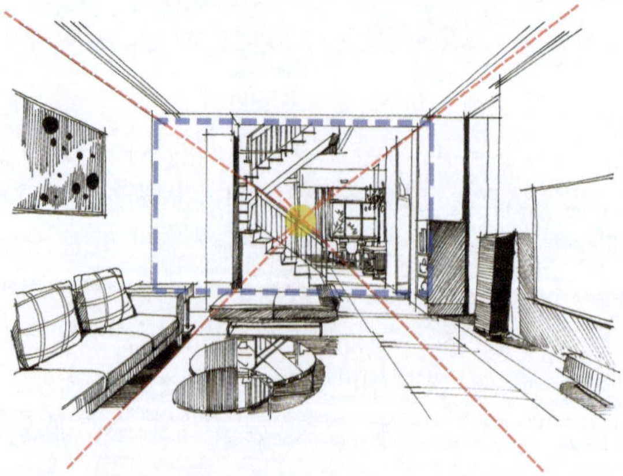

图3-44

总之，透视既是透视绘画的理论术语，也是在室内设计手绘中展现空间深度和立体感的关键技巧。它依据视觉感知原理，通过线条和比例关系，在平面上呈现出物体的三维形态，为观者带来真实而逼真的视觉体验。

图3-45

图3-46

2. 透视的基本术语

图3-47展示了透视的基本术语。

画面：画面是介于眼睛与物体之间的假设透明平面，透视学中为了把一切立体的形象都容纳在画面上，默认这块透明的平面可以向四周无限地放大。

基面：承载着物体（观察对象）的平面，如地面、桌面等，在透视学中基面默认为基准的水平面，其永远处于水平状态，并与画面相互垂直。

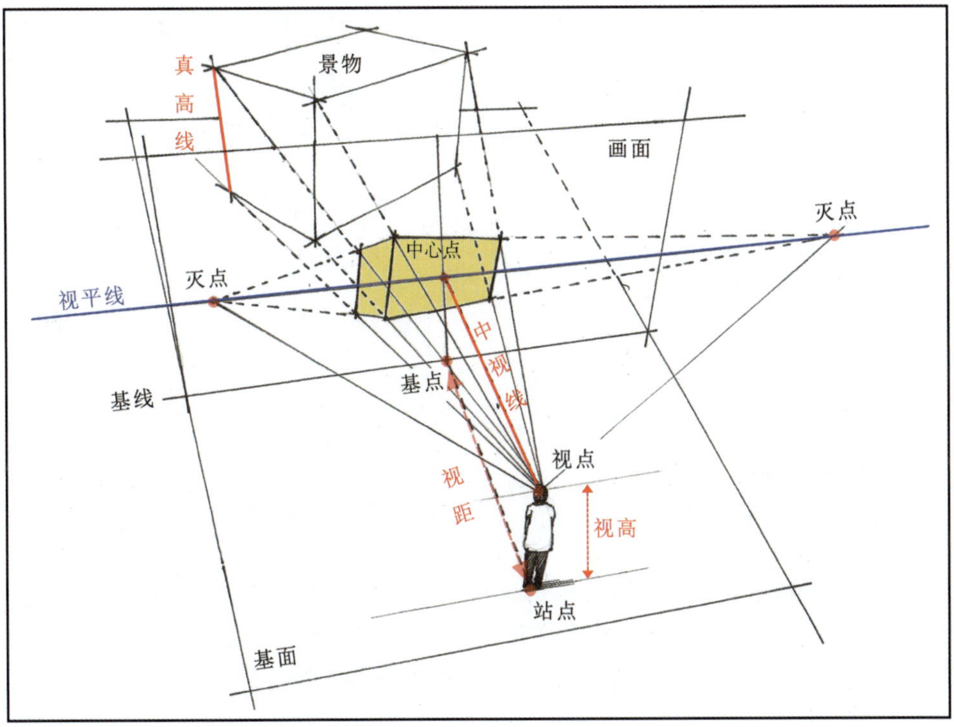

图3-47

基线：画面与基面相交的线为基线。

景物：所描绘的对象。

视点（目点）：画者眼睛的位置。

站点：在视点处做垂直线，垂直线与基面相交的点叫作站点，又称"立点"。

中心点：中视线与视平线的交点。

基点：中心点到基线的垂点

中视线：视点到视平线的垂线。

视高：中心点到基点的垂直距离叫视高，或者是视点到站点的垂直距离。

视距：站点至画面的垂直距离，在视平线上，视距等于视点至中心点的距离。

视平线：视平线是指与视点同高并通过中心点的水平线。

灭点（消失点）：从视点一直延伸到视平线上，通过物体的所有视线的交叉点。

真高线：景物的高度基准线。

3.2.2 一点透视（平行透视）

一点透视（平行透视）

1. 一点透视的概念

一点透视，也被称为平行透视，其核心特征在于仅有一个消失点（VP）。在此透视中，所有与进深相关的线（放射线）都会向这个唯一的消失点汇聚。值得注意的是，纵向线和横向线在此透视中并不产生透视效果，而是保持平行状态。一点透视的纵深感较强，特别适合用来表现庄重且对称的空间布局，如图3-48所示。为了深入掌握一点透视的表现技巧，强烈建议读者通过多次练习绘制方体来熟悉透视规律并提升控笔能力，如图3-49所示。

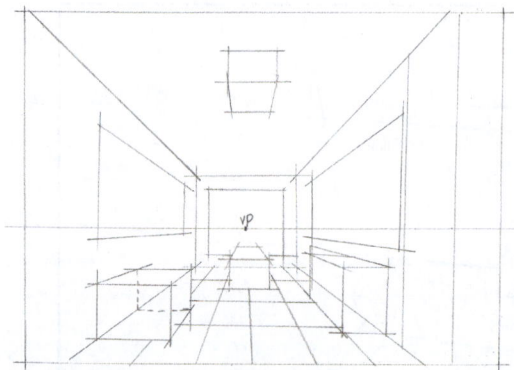

图3-48

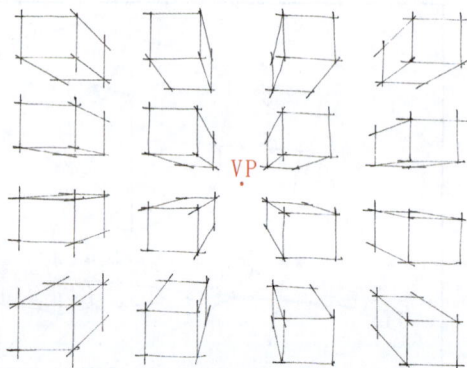

图3-49

2. 一点透视案例表现

（1）明确画面中的消失点位置，随后利用铅笔，绘制出一点透视的室内空间布局，如图3-50所示。

（2）依据铅笔底稿，用签字笔精确地绘制出卧室空间的主要透视线，如图3-51所示。

（3）绘制床体和床头柜的细致造型，以它们为主体，丰富画面的内容，如图3-52所示。

（4）进一步完善画面内容，绘制背景墙面、立柜装饰物以及窗帘的具体造型，使画面更加生动，如图3-53所示。

（5）强化画面的层次感，通过绘制床体的投影、床头柜台灯的光影以及床体背景的装饰细节等，使画面更具立体感，如图3-54所示。

（6）细致绘制床体、窗帘、装饰物等的细节，并运用黑色马克笔对画面进行整体调整，完成绘制，如图3-55所示。

图3-50　　　　　　　　　　　　　　　　图3-51

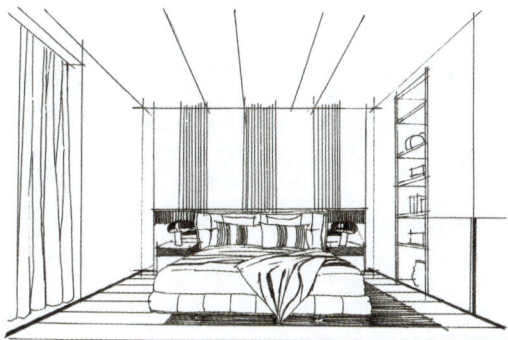

图3-52　　　　　　　　　　　　　　　　图3-53

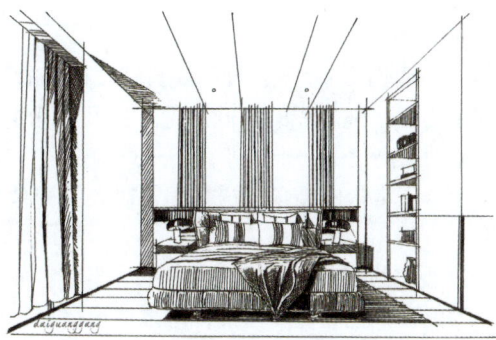

图3-54　　　　　　　　　　　　　　　　图3-55

3. 一点透视构图注意事项

（1）基准面：基准面是一个虚拟的参考平面，通常用来确定物体在空间中的位置。基面通常指室内空间的底部平面，也就是地面。基准面不同于基面，在室内空间中，一般将视点正对着的那个墙面作为基准面，如图3-56所示。

图3-56

（2）进深：进深指在一点透视中视点与要表现的最远景物之间的透视距离，也就是站点到基准面之间的距离，通常通过箭头标示。在绘图过程中，应注意感受空间进深的大小，如果空间进深较大，那么基准面应画得较小，透视线的长度会相应拉长；如果空间进深较小，那么基准面应画得大一些，透视线的长度会相应缩短，如图3-57所示。

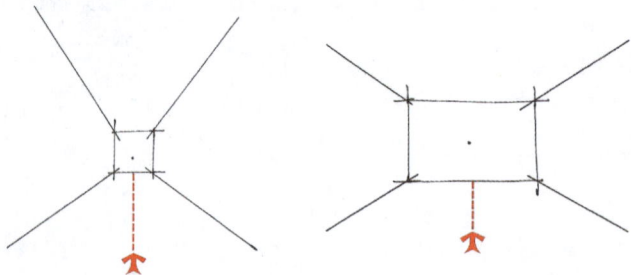

图3-57

（3）视平线的位置：视平线是定位透视时不可缺少的一条辅助线，而消失点正好位于视平线的某个位置，视平线的高低决定了空间视角的位置。在绘制时要注意，视平线通常定位在基准面（墙面）高度的一半或者靠下一点的位置，这样才能得到正常的视高。视平线过高或者过低，都不符合正常人的视角（透视图常以人的视角为基准）。

① 视平线定位在基准面高度的一半或者偏下一点的位置，空间视高正常，可以清晰呈现物体的顶面和立面效果，如图3-58所示。

② 视平线定位过高，会导致空间呈现俯视视角，难以准确测量空间高度。从人的视角来看，这种设计也不太舒适，如图3-59所示。

③ 视平线定位过低，会导致空间呈现仰视视角，部分物体在视觉上产生粘连，空间感被削弱，如图3-60所示。

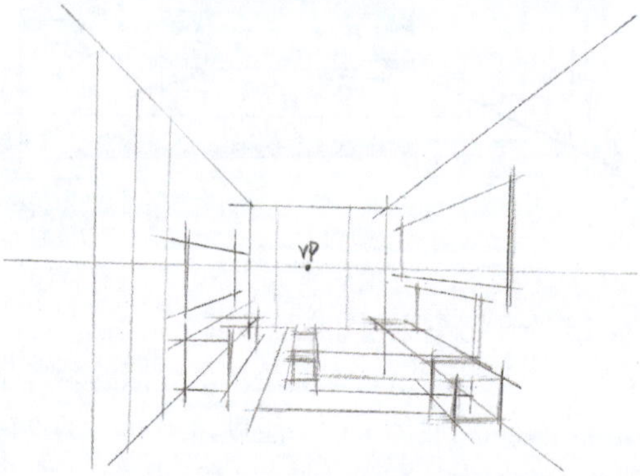

图3-58

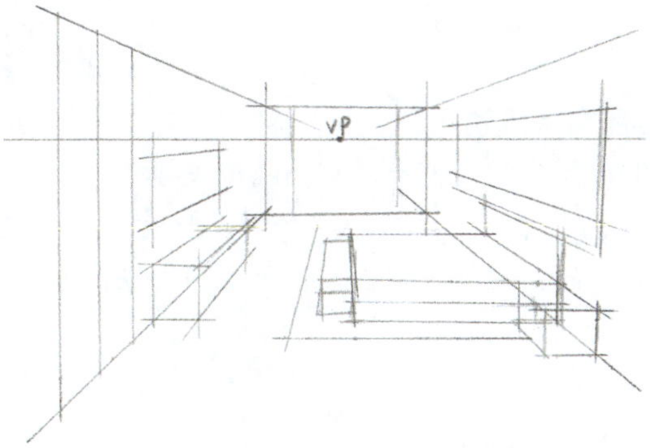

图3-59

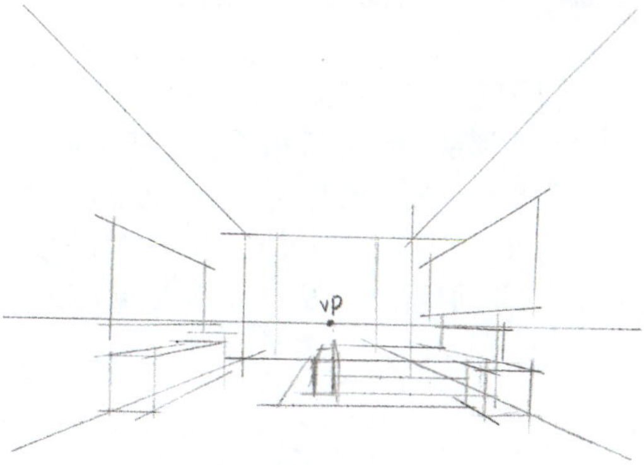

图3-60

（4）消失点的位置。

① 一点透视的消失点通常位于视平线上，但若位置过于正中，画面会显得呆板，如图3-61所示。具体位置需要根据空间类型来决定。

② 建议稍微地向左偏移消失点（见图3-62）或向右偏移消失点（见图3-63），使空间更灵活，并突出重点物体，但消失点不宜过偏，否则会违背透视原则。

③ 在空间中，除水平线和垂直线外，其余线条（红线部分）均消失于视平线（HL）上的消失点处，如图3-64所示。

图3-61

图3-62

图3-63

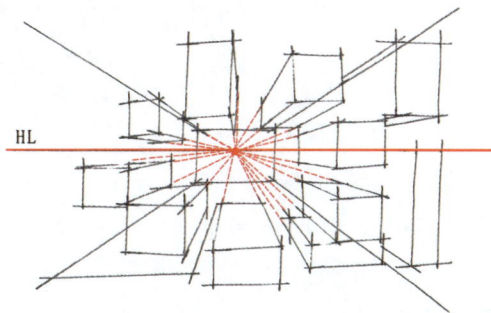

图3-64

3.2.3 一点斜透视（微角透视）

一点斜透视
（微角透视）

1. 一点斜透视的概念

一点斜透视又称为微角透视，是介于一点透视与两点透视之间的一种透视方法。它是在一点透视的基础上表现两点透视效果的作图方法，特点是基面向消失侧点变化消失，严格意义上来说，画面中除消失中心点外还有一个消失侧点。所有垂直线与画面垂直，水平线向消失侧点消失，纵深线向消失中心点消失，如图3-65所示，一点斜透视作品的解析如图3-66所示。

图3-65

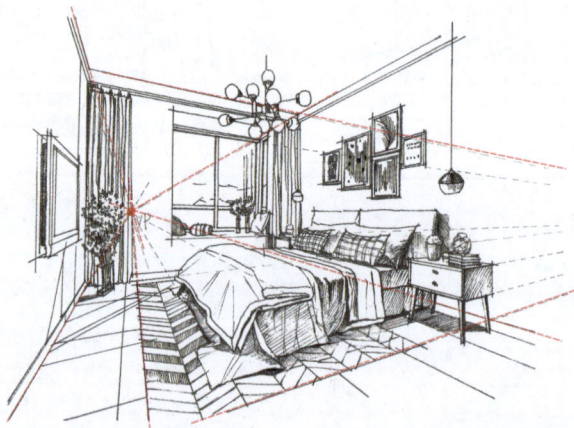

图3-66

2. 一点斜透视案例表现

（1）运用铅笔确定一点斜透视的基准面与消失点，并勾勒出主要的透视线，为画面奠定透视基础，如图3-67所示。

（2）使用铅笔勾勒出卧室空间中整体家具的轮廓结构，为后续墨线稿的绘制提供清晰的参考，如图3-68所示。

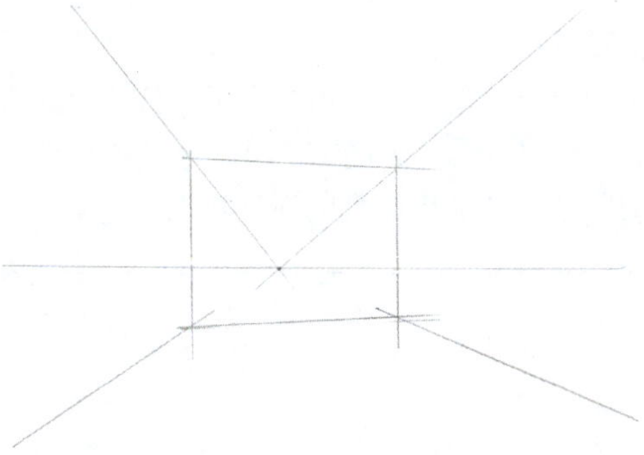

图3-67

图3-68

（3）依据铅笔底稿，运用签字笔精细描绘出墨线稿，明确主要透视线和部分家具轮廓，为画面的深入刻画打下坚实基础，如图3-69所示。

（4）整体绘制床体、吊灯及其他家具的细致结构，并确定其投影的位置，使画面更具立体感和空间感，如图3-70所示。

图3-69

图3-70

（5）细致刻画天花板、墙面挂画及背景窗帘的结构造型，丰富画面的细节与层次，如图3-71所示。

（6）对画面进行精细地刻画与修饰，运用黑色马克笔巧妙加强画面投影的层次感，使整体画面更加和谐统一，完成绘制，如图3-72所示。

图3-71

图3-72

3. 一点斜透视构图注意事项

在室内设计手绘中运用一点斜透视时，需要注意以下几点。

（1）视平线的位置：视平线的位置对于一点斜透视效果的呈现至关重要。视平线不宜过高，通常可以放在画面高度的一半（见图3-73）或偏低一点的位置（见图3-74）。这样的设置符合正常的视角透视，可使画面更加贴近观者的视觉习惯，从而营造出逼真的视觉效果。

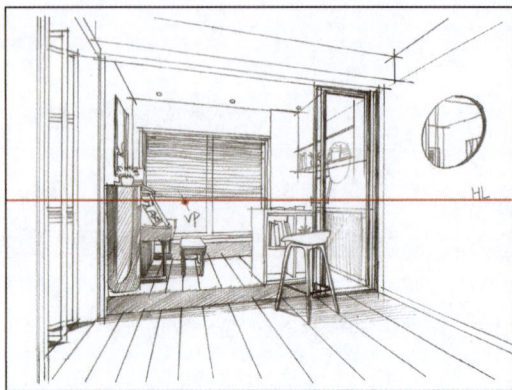

图3-73

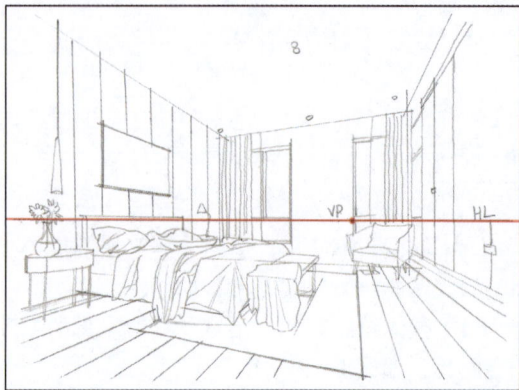

图3-74

（2）消失点的位置：在一点斜透视中，除了需要确定消失中心点的位置外，还需确定消失侧点的位置，为确保透视效果的准确性，消失点的位置选择至关重要。确定合理的消失点位置时，需关注以下3点。

第一点，需要明确的是，在一点斜透视中，并不存在严格意义上的水平线。即使最远墙面的透视变化非常细微，也应表现出这种变化（见图3-75），避免将其画成横平竖直的形态。正确的基准面透视定位与错误的基准面透视定位分别如图3-76和图3-77所示。在构图过程中，我们应避开错误的透视定位方式。

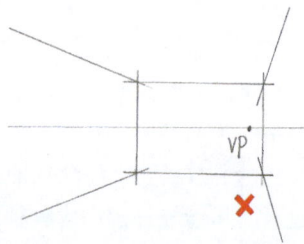

图3-75   图3-76   图3-77

第二点，考虑到一点斜透视的特点，即能够观察到三面墙，不同于两点透视仅能看到两面墙。因此，在确定透视线斜度时，一点斜透视的基准面的斜度不应过大。过大的斜度会导致空间视角的扭曲，进而使近处物体变形，如图3-78所示。我们应谨慎控制透视线斜度，以维持空间的透视平衡。

第三点，关于消失点的定位，需要特别注意的是，基准面中的消失中心点应避免定位在正中的位置，而应偏向左侧或右侧。消失侧点则应远离基准面，以防过近导致整个空间变形。错误的消失点定位方式与正确的消失点定位方式分别如图3-79和图3-80所示。通过对比错误和正确的定位方式，我们能够更直观地理解并掌握消失点的定位技巧。

图3-78

图3-79

图3-80

（3）线条的透视处理：在绘制一点斜透视效果图时，需要正确处理所有线条的透视关系，这需要绘图者具备一定的透视知识和绘画技巧。除了垂直线保持垂直外，水平线和其他透视线都需要根据透视原理向相应的消失点倾斜，如图3-81所示。

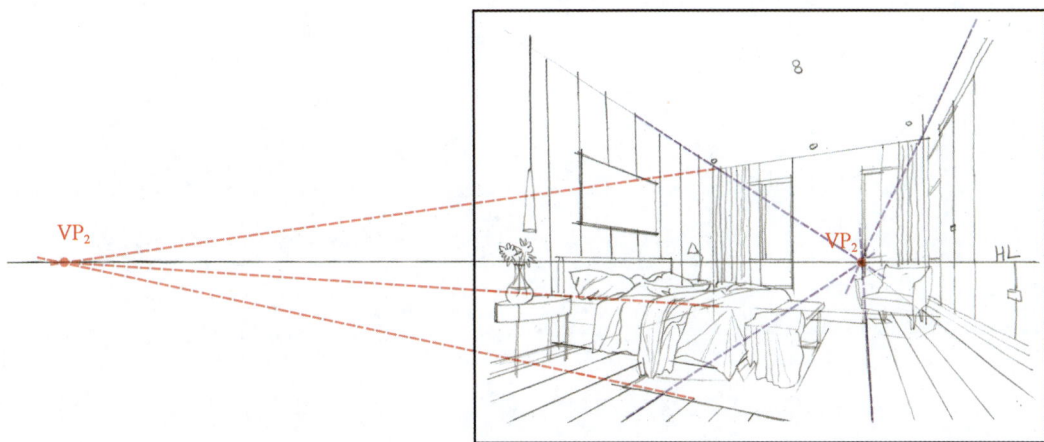

图3-81

（4）画面的平衡：在构图时，除了需要遵循透视原则外，还需要注意保持画面的平衡（见图3-82）。通过合理安排元素的位置和大小，可以创造出引人入胜的视觉效果，增强画面的艺术性和表现力。

图3-82

3.2.4 两点透视（成角透视）

1. 两点透视的概念

两点透视又称成角透视，只有垂直线与画面平行，其他两组线条均与画面构成角度上的倾斜，每一组各有一个消失点。因此，两点透视有两个消失点，而这两个消失点必须在同一水平线上，如图3-83所示。两点透视能清楚地表达相邻两个立面的透视关系。为了更好地掌握两点透视的绘画技巧，强烈建议读者通过绘制方体的形式进行两点透视训练，如图3-84所示。

图3-83

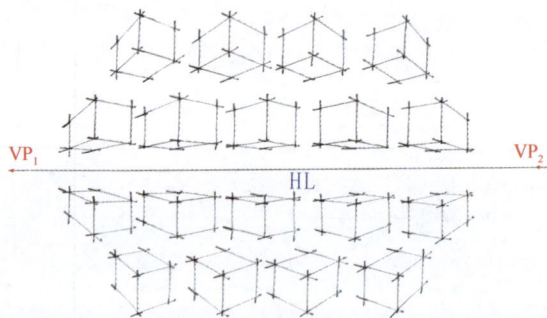

图3-84

2. 两点透视案例表现

（1）利用铅笔精准地绘制出两点透视下的客厅空间一角的布局，确保透视关系的准确，如图3-85所示。

（2）依据铅笔底稿，使用签字笔细致地绘制出沙发、灯具以及天花板的透视线，为画面增添层次感和立体感，如图3-86所示。

（3）进一步完善背景墙面、茶几与座椅等的造型，并细致地画出盆栽植物的形态，使画面内容更加丰富、生动，如图3-87所示。

图3-85

图3-86

（4）精心绘制地毯的造型及地面铺装细节，为画面增添质感与细节之美，如图3-88所示。

（5）通过排线巧妙地加强画面中的投影效果，并突出背景挂画的视觉表现，使画面的明暗对比更加鲜明，如图3-89所示。

（6）对画面的明暗关系进行整体调整，精细刻画每一处细节，并运用黑色马克笔进一步强化画面中投影的层次感，使整体画面更加和谐统一，如图3-90所示。

图3-87

图3-88

图3-89

图3-90

3. 两点透视构图注意事项

在室内设计手绘中运用两点透视构图时，需注意以下几点。

（1）确定消失点的位置：在两点透视中，画面两侧的两个消失点仅影响与画面存在倾斜角度的线条，使这些线条在视觉上向这两个消失点倾斜并消失。而那些平行于画面（即与观察者的视线平面平行）的线条则会保持平行状态，不会受到这两个消失点的影响，如图3-91所示。为确保画面视角正常，一般情况下，两个消失点应远离真高线。如果消失点过近，会导致整个空间变形，错误示例与正确示例如图3-92所示。

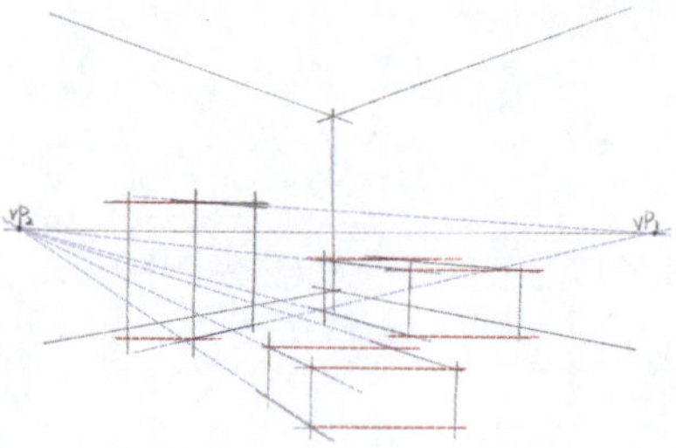

图3-91 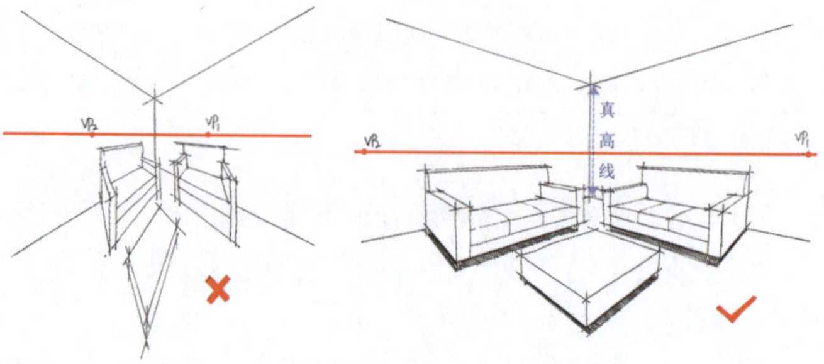   图3-92

在构图过程中，若需要着重表达某一面墙及其上的物体，应将这面墙的透视画得小一些，以便更全面地展示这面墙及其上的物体。此时，另一面墙的透视则会显得较大（见图3-93）。从透视原理上来说，透视较小的那面墙的消失点（VP_1）离真高线较远，而透视较大的那面墙的消失点（VP_2）则离真高线较近，如图3-94所示。

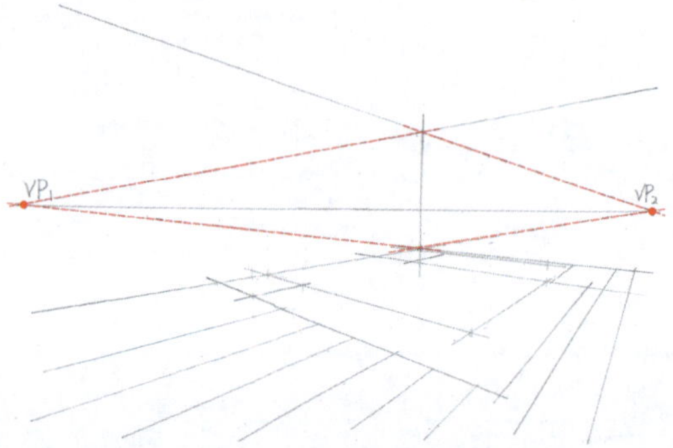

图3-93   图3-94

值得注意的是，由于空间类型不同，为了使空间更舒适和正常，有时候避免不了会将消失点确定在图纸以外的位置，如图3-95所示。在这种情况下，我们应先确保视平线的定位准确。随后，通过比较两个墙面上线条的透视情况来分析。例如，在视平线以上或以下的透视线中，我们可以将两个墙体、天花板和地面中的透视线定义为最大斜度。透视线越靠近视平线，其斜度越小；反之，斜度则越大，如图3-96所示。这种方法虽然不能保证透视的绝对精准，但有助于快速感知透视效果。

（2）真高线的定位：两点透视空间中的真高线（两面墙体之间的转折线）是画面最远处的线，因此在绘制时真高线不宜过长，以免影响近处物体的表现，一般占纸面1/3左右的位置即可。如果真高线过长，构图则会显得拥挤，近处物体不能刻画全面，空间进深较小（见

图3-97）。合理安排真高线的位置及大小，能全面地表现整体空间，使进深感得到完整体现，如图3-98所示。

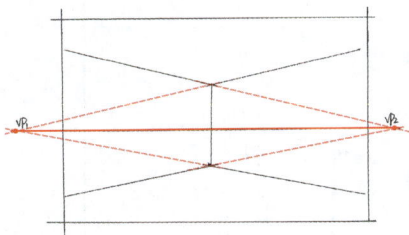

图3-95

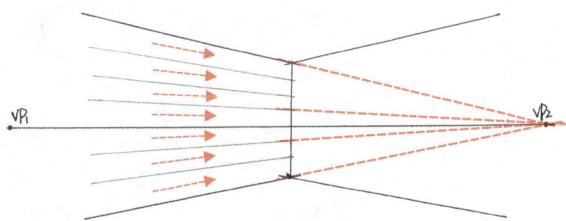

图3-96

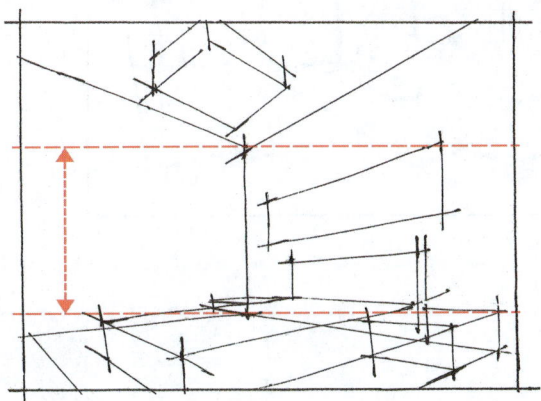

图3-97

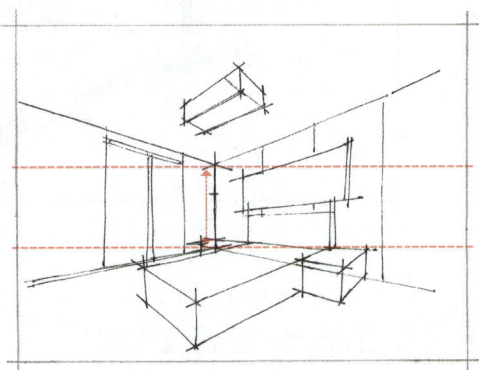

图3-98

（3）墙体透视线的斜度：需要注意的是，视平线定位在真高线中间靠下的位置，因此，天花板的两条透视线的斜度应更大，地面的两条透视线的斜度应更小。正确的墙体透视线定位和错误的墙体透视线定位如图3-99和图3-100所示。

图3-99

图3-100

（4）视平线的位置：在两点透视中，视平线的位置同样关键，它影响着整个画面的透视效果和空间感。一般来说，两点透视的视平线建议放在画面高度的1/3稍往上一点的位置，如图3-101所示。这样的设置有助于保持画面的平衡，同时增强空间的进深感和立体感。

图3-101

3.2.5 训练绘制透视图的能力

训练绘制透视图的能力——视点1　训练绘制透视图的能力——视点2　训练绘制透视图的能力——视点3

　　设计师可以采用快速表现方法来训练透视图绘制能力，这种方法基于室内平面图草图，如图3-102所示，通过选择不同的视点来转换透视图。快速表现方法有助于快速确定空间布局，提高空间感知能力，同时灵活运用透视原理，使空间更丰富、生动。通过不断练习，设计师能更熟练地掌握绘制透视图的技巧，为画面增添层次感和立体感。

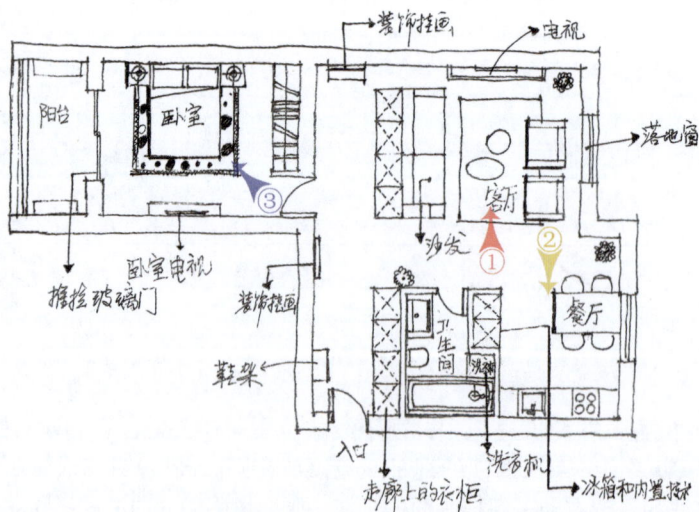

图3-102

视点1 案例表现

（1）要确定消失点的位置，并遵循一点透视的规律与原则，用铅笔初步勾勒出客厅的整体布局，如图3-103所示。

（2）基于铅笔稿，使用签字笔绘制出主要的透视线，同时绘制出沙发的整体结构，为后续绘制提供参考，如图3-104所示。

图3-103

图3-104

（3）参考沙发的结构比例，逐一绘制座椅、茶几、电视机、地毯以及窗帘的结构，使客厅的布局更加完整，如图3-105所示。

（4）进一步丰富画面内容，绘制出挂画、灯、电视背景墙、室内植物、地毯纹理以及天花板等，确保地毯纹理与天花板造型相互呼应，增强画面的整体感，如图3-106所示。

图3-105

图3-106

（5）为了增强画面的视觉效果，运用巧妙的排线来加强画面的明暗对比，使明暗对比更加鲜明，形成强烈的视觉冲击，如图3-107所示。

（6）运用黑色马克笔对画面的暗部进行整体调整，并绘制出装饰挂画的造型，以丰富画面的细节和层次，使整幅作品更加生动和完整，如图3-108所示。

图3-107

图3-108

视点2　案例表现

（1）从视点位置观察，确定画面消失点的位置，运用铅笔勾勒出餐厅的整体布局，如图3-109所示。

（2）根据铅笔底稿使用签字笔进行绘制，将主要的透视线绘制出来，同时勾勒出转角处花瓶的独特造型，如图3-110所示。

图3-109

图3-110

（3）绘制餐桌、椅子，以及窗户等的结构，如图3-111所示。

（4）绘制出窗帘、墙体装饰线、厨具以及地面铺装元素等，使画面更加丰富，如图3-112所示。

图3-111

图3-112

（5）精心绘制室内植物的造型，并通过疏密有致的排线来增强画面的明暗对比，使画面更加立体、生动，如图3-113所示。

（6）使用黑色马克笔对画面的暗部进行深入调整，以增强画面的视觉冲击力，完成整幅绘画作品，如图3-114所示。

图3-113

图3-114

视点3　案例表现

（1）使用铅笔勾画出卧室的整体布局，以明确空间结构，如图3-115所示。

（2）采用签字笔精细绘制墨线，准确展现卧室的主要透视线，让卧室空间更立体、生动，如图3-116所示。

图3-115

图3-116

（3）绘制床体，详细描绘其整体结构，为后续的绘制提供精确参考，如图3-117所示。

（4）进一步绘制卧室内各类家具的轮廓，丰富画面的内容，使卧室场景更为完整，如图3-118所示。

（5）为了增强画面的立体感和空间感，运用疏密有致的排线巧妙表现画面的明暗关系，使画面更具层次感，如图3-119所示。

（6）使用黑色马克笔对画面进行深入调整，强化画面的层次感，使整体画面更加和谐统一，如图3-120所示。

图3-117

图3-118

图3-119

图3-120

3.3 本章小结

通过本章的学习，我们对构图与透视有了更加深入的理解。构图是绘制设计图的基础，合理的构图能够使设计图更加美观。而透视则是设计图中表现空间深度和立体感的关键，通过掌握不同的透视方式，我们能够在手绘设计中更加准确地呈现出室内空间的实际情况。总的来说，构图与透视是室内设计手绘不可或缺的两大要素，希望读者能够通过本章的学习，加强设计作品的艺术性和专业性。

3.4 课后实战练习

3.4.1 临摹经典作品

临摹经典作品是提升室内设计手绘表现能力的有效途径，不仅能够学习绘画技巧，还能激发创造力和灵感，为设计作品增添艺术性和美感。接下来为读者提供部分经典作品，以供参考和临摹。

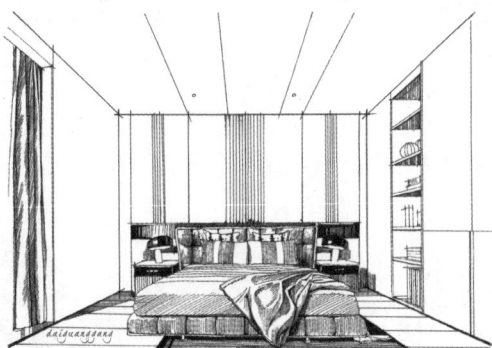

3.4.2 掌握透视规律及构图类型，尝试照片写生

在掌握透视规律与构图类型后，可通过参观现实场景并进行照片写生来巩固透视知识，提升构图能力。这种实践让手绘作品更贴近实际，且可以为设计方案提供精准参考，有助于设计师创作出更具艺术性与实用性的作品。读者可参考以下4张照片进行照片写生的训练。

第 4 章

色彩与表现

本章概述

本章将重点阐述色彩的基本知识、马克笔基础表现技法、马克笔体块训练，以及彩铅与色粉的笔触特点和上色技巧，内容全面，涵盖了色彩的形成原理、3种类型、3种属性以及调和原理等。此外，本章还将对马克笔的种类、笔触特点及基础表现技法进行深入探讨。同时，本章还涉及彩铅与马克笔结合的应用和训练方法。

4.1 色彩的基本知识

4.1.1 色彩的形成原理

1. 色彩的概念

色彩是物体反射或发射出来的光通过视觉系统而产生的感知。当光线照射到物体上时，物体会吸收一部分光，并反射另一部分光，这些反射出来的光进入人的眼睛，通过视觉神经传输到大脑，然后大脑便会解析出反射光的颜色。

从室内设计的角度来看，色彩不仅影响着房间的整体氛围和风格，还会对居住者的情绪、体验和感受产生影响。

首先，色彩可以为房间增添层次感和视觉冲击力。不同的颜色可以产生不同的空间效果，例如暖色系（如红色、黄色、橙色）可以增强空间感，如图4-1所示。而冷色系（如蓝色、绿色、紫色）则使空间显得更加宽敞，如图4-2所示。

其次，色彩对人的情绪和体验具有显著影响，不同的色彩能够引起不同的情感反应。以暖色系为例，它常常用于营造温馨与舒适的氛围，特别适合休息与放松的场所，图4-3所示的SPA馆休闲区的设计便是典型案例。相反，冷色系则通常使人感到清新与宁静，因此更适用于工作或需要集中精力的区域，图4-4所示的现代办公空间便是其典型应用。

最后，色彩还可以用来突出重点或引导视线。例如，色彩在新中式室内设计中，通过对比与引导赋予了空间层次感和生命力，深红与浅白、墨绿与天蓝不仅凸显了家具的质感，还能有效引导视线流动，如图4-5所示。而在地中海风格的室内设计中，色彩如同海浪般灵动，以白色为基调，融入蓝色调，营造出清新、自然的氛围；蓝色与白色的对比凸显了家具和装饰，巧妙引导视线，使空间显得宽敞舒适，让人感受到生活的美好与温馨，如图4-6所示。

图4-1

图4-2

图4-3

图4-4

图4-5

图4-6

2. 色彩的形成

色彩的产生源于物体对光的吸收和反射作用。当光线照射到物体表面时，物体具有选择性地吸收部分光，并反射另一部分光的特性。这些反射光线最终会传入我们的眼睛，呈现出我们看到的颜色，如图4-7所示。

物体颜色由其对光的吸收与反射能力决定。若物体吸收所有光线，则呈现为黑色；若物体反射所有光线，则呈现为白色；若仅反射特定波长的光，则呈现为相应的颜色。

色彩具有3个基本属性：色相、明度和纯度。此外，还包括冷暖、对比和调和等特性。

通过理解色彩的形成原理及其属性，我们能在艺术、设计等领域以及日常生活中更有效地运用色彩。

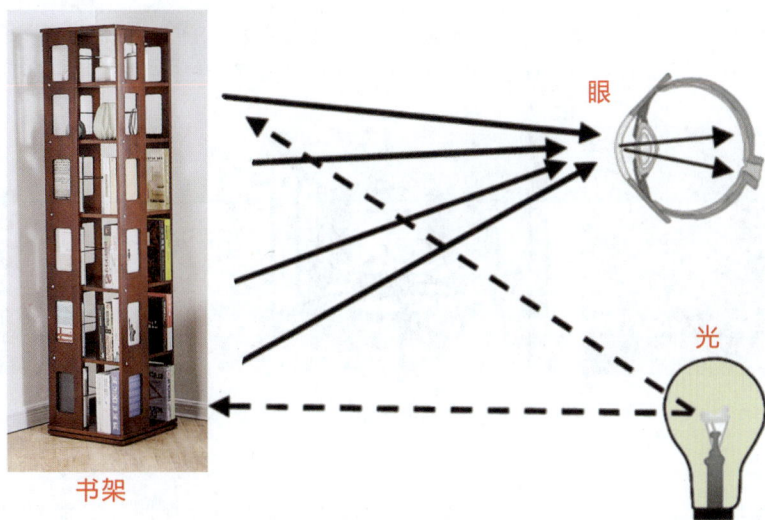

眼

光

书架

图4-7

4.1.2 色彩的3种类型

1. 光原色

光的三原色为红色、绿色和蓝色，如图4-8所示。其在日常生活中的应用极为广泛，如电视等设备常通过三原色的组合来呈现各种颜色。红色、绿色和蓝色这3种色光无法被进一步分解，因此被称作"三原色光"。当等量的三原色光叠加时，将会产生白色，此时白色中包含等量的红色、蓝色和绿色，如图4-9所示。

图4-8

图4-9

2. 固有色

固有色是指物体在白色光源下呈现的颜色，即物体本身所具有的固定色彩。此类色彩主要体现在物体受光面与背光面之间的区域，即素描调子中的灰部。在这一范围内，物体受外部环境色彩的影响较小，主要表现为明度调整及色相本身的改变，同时纯度相对较高。

在客厅设计中，通常会选择暖色调的家具和装饰品，如木制茶几、布艺沙发和地毯等，这些物品的固有色为暖棕色和米白色。将它们组合在一起可以营造出温馨、舒适的氛围，如图4-10所示。

在餐厅设计中，通常会选择冷色调的餐桌和餐椅，这些物品的固有色为冷灰色和白色。将这些冷色调的家具组合在一起可以营造出简约、清新的氛围，使居住者在用餐时更加放松和愉悦，如图4-11所示。

在卧室设计中，通常会选择固有色为柔和的米白色或淡紫色的床单和窗帘，将这些物品组合在一起可以营造出温馨、浪漫的氛围，使人们感受到家的温暖和舒适，如图4-12所示。

图4-10　　　　　　　　　　图4-11　　　　　　　　　　图4-12

3. 环境色

环境色是指物体周围环境的颜色。当紫色沙发放置在某个环境中时，其周围的地面和墙面可能会因为紫色沙发的存在而呈现出偏紫的色调。这种微妙的色彩变化不仅丰富了画面的色彩层次，还能更好地使紫色沙发与周围环境相互融合，如图4-13所示。

在绘画、摄影、影视作品创作以及装修设计等领域，环境色的运用至关重要。它能够增强视觉效果，营造特定的情感氛围，并提升作品的审美价值。通过巧妙地运用环境色，设计师能够打造出更加舒适、自然、和谐的室内空间，使人们的生活品质得到提升。

因此，了解和掌握环境色的原理和应用技巧对设计师来说非常重要。通过深入研究和积极实践，我们可以更好地运用色彩来表达情感、创造美感，并提升我们的生活质量。无论是艺术家还是设计师，都应该积极探索环境色的运用方法，以创作出更加出色和引人入胜的作品。

图4-13

4.1.3 色彩的3种属性

1. 色相

色相,即各类色彩的相貌称谓,如红色、黄色、绿色、蓝色、紫色等,是色彩的核心特征,也是辨识不同色彩的精确标准。色相主要由原色、间色(即二次色)和复色(即三次色)组成,如图4-14所示。

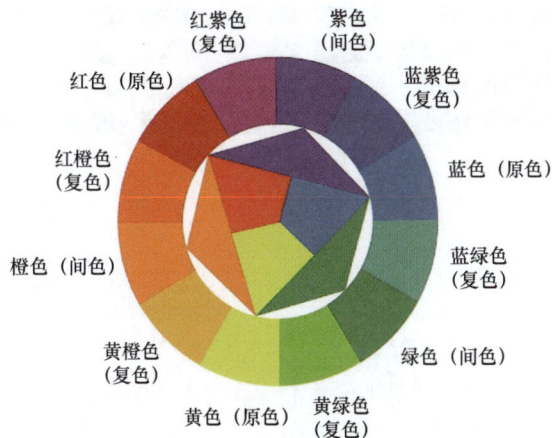

图4-14

2. 明度

色彩的明度是指颜色的明暗程度,即颜色的亮度,由光线强弱决定。以蓝、黄、红3种颜色为例,加入白色明度提高,加入黑色明度降低,当白色或黑色加入过多时,颜色就会无限接近白色或黑色,如图4-15所示。明度是色彩的重要属性之一,与色相、纯度并列为色彩的三要素。在绘画、摄影、设计等领域中,通过合理运用明度变化可以创造出丰富的艺术效果。

图4-15

3. 纯度

纯度也称饱和度,色彩的纯度是指色相明确或含糊、鲜艳或浑浊的程度。高纯度色相加入白色或黑色,可以提高或减弱其明度,并降低它们的纯度。加入中性灰色,也会降低色相纯度,如图4-16所示。在绘画中,大多使用由两个或两个以上不同色相的颜料调和成的复色。根据色环上的色彩排列,相邻色相混合,纯度基本不变(如红黄混合所得的橙色);对比色相混合,最易降低纯度,形成灰暗色彩。色彩的纯度变化,不仅可以产生程度不同的色相,而且可以使色彩更具韵味与美感。

图4-16

4.1.4 色彩的调和

1. 原色

原色，亦称基本色，是无法通过其他颜色混合而得到的颜色，是构成所有其他颜色的基础。原色可分为两类：叠加型三原色和削减型三原色。

（1）叠加型三原色：主要应用于光源投射的色彩系统，包括红色、绿色、蓝色3种原色，亦称RGB色彩空间。在RGB色彩空间中，通过调整红色、绿色、蓝色3种原色的相对强度，可以混合出各种不同的颜色。例如，当红色与绿色混合时，如果红色成分较多，结果可能偏向橙色调；如果绿色成分较多，则偏向黄色调。同样地，当蓝色与红色混合时，蓝色和红色成分的相对比例也会影响最终结果，分别产生偏向紫色或品红色的色调。这种颜色的混合与变化取决于每种原色的强度。当这3种原色等量叠加时，它们会相互中和，呈现出中性灰色；而当这3种原色的强度均调至最大且等量叠加时，会呈现出白色，如图4-17所示。

（2）削减型三原色：主要应用于反射光源或颜料着色的色彩系统，包括黄色、青色、品红色3种原色。在颜料混合中，品红色、黄色、青色被视作基础色（原色），如图4-18所示。这3种原色混合能够产生其他颜色，如黄色与青色混合形成绿色，黄色与品红色混合得到红色，品红色与青色混合则产生蓝色。当这3种原色等量混合时，由于颜料混合的特性，会呈现出一种深色调（浊褐色），接近于黑色。因此，印刷技术中为了弥补不足，引入了第四种"原色"——黑色。这个原色系统被称为CMYK色彩空间，它由青色（C）、品红色（M）、黄色（Y）及黑色（K）4种原色组合而成。在CMYK色彩空间中，颜色的调配是通过精确调整这4种原色的比例来实现的。

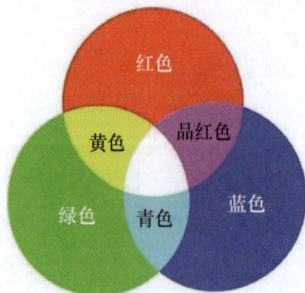

图4-17

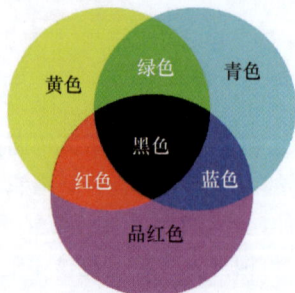

图4-18

2. 间色

间色，也称为二次色，由两种原色混合而成。

在叠加型三原色（RGB）中，红色与绿色混合通常产生黄色调的颜色，绿色与蓝色混合产生青色调的颜色，蓝色与红色混合则产生品红色调或紫色调的颜色，如图4-19所示。

在削减型三原色（CMY）中，青色与品红色混合理论上应得到蓝色，但实际印刷中可能会得到接近蓝色的颜色，品红色与黄色混合形成红色调的颜色，黄色与青色混合则得到绿色调的颜色，如图4-20所示。

在传统绘画法则（RYB）中，红色与黄色混合产生橙色，黄色与蓝色混合得到绿色，蓝色与红色混合则得到紫罗兰色，如图4-21所示。这些间色在色彩理论中占据重要地位，可通过组合间色创造出更丰富的色彩效果。

图4-19　　　　　　　图4-20　　　　　　　图4-21

3. 复色

复色，也称为"三次色"，由两个间色或3个原色混合而成，如图4-22所示。因此，其色彩丰富度远超原色和间色，为艺术家和设计师提供了更广阔的创作空间。

复色之所以被称为"三次色"，是因为其产生的过程中通常涉及多次颜色混合。它可以通过两个间色的混合得到，也可以通过一个原色与另一个包含另外两个原色的间色混合得到。这种混合使得复色中含有多种颜色成分，有助于呈现出丰富多彩的视觉效果。

与原色和间色相比，复色的纯度可能会因混合的具体颜色及其比例而有所差异，如图4-23所示。尽管复色的纯度通常较低，但它的运用能够赋予作品独特的视觉效果和情感氛围。在绘画和设计中，复色的巧妙运用可以创造出和谐而平衡的色彩效果，使作品更加引人入胜。

通过掌握复色的运用技巧，艺术家和设计师可以创作出更加丰富多样、具有深度的作品，满足观者对色彩美感的追求。

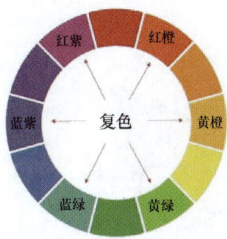 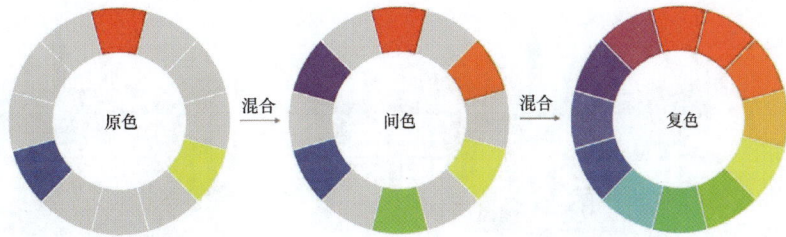

图4-22　　　　　　　　　　　　　图4-23

4.1.5　色彩的冷暖

1. 色彩的冷暖对比

在室内设计手绘中，冷暖色彩的对比对于营造空间氛围和传达情感具有关键作用。通过巧妙运用冷暖对比，设计师不仅能凸显空间的主题、氛围和情感，还能使作品更富生动性和感染力。

暖色主要是红、橙、黄、棕这4种颜色，它们能让人感到温暖、舒适和充满力量，如图4-24所示。相反，冷色主要是绿、青、蓝、紫这4种颜色，它们给人以透明、清新和宁静的感觉，如图4-25所示。

图4-24    图4-25

实现冷暖对比的方式多种多样。例如，将暖色调的墙面与冷色调的家具搭配（见图4-26），或通过暖色调的地面与冷色调的窗帘形成鲜明对比。这些对比有助于凸显空间的层次感和立体感，使整个空间显得更加生动有趣。

此外，调整色彩的明度、纯度和色调也是实现冷暖对比的有效手段。例如，在冷色调的基础上提高色彩的明度或纯度，可以使整个空间显得更加明亮、清新（见图4-27）；而在暖色调的基础上降低色彩的明度或纯度，则能使空间散发出更加温馨、舒适的气息，如图4-28所示。

通过合理运用冷暖对比，设计师能够为室内空间注入更多元化和富有层次的情感，使作品呈现出更加独特和引人入胜的视觉效果。

图4-26 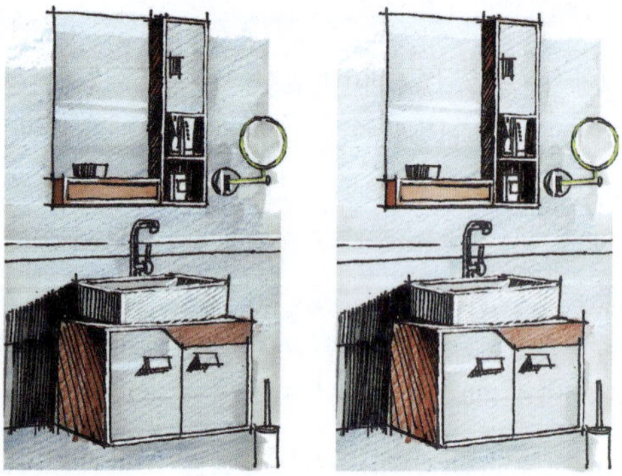   图4-27

图4-28

2. 色彩心理学

在室内设计中，色彩扮演着至关重要的角色。不同的颜色能够引发不同的心理感受，从而影响人们在空间中的居住体验。因此，对室内设计师来说，深入了解色彩心理学是至关重要的。

红色：充满活力和激情，室内设计中常用于餐饮空间（见图4-29）、卧室或娱乐空间，以营造热烈的氛围，点燃人们的热情。

　　蓝色：给人平静与放松之感，适用于卧室、客厅或办公空间（见图4-30），以营造宁静的氛围，助人舒缓紧张的情绪，提升工作效率。

　　绿色：象征自然与生命，赋予空间清新与活力。室内设计中常用于客厅（见图4-31）或休息空间，以营造舒适、自然的氛围。

图4-29　　　　　　　　　　　　图4-30　　　　　　　　　　　　图4-31

　　黄色：明亮、温暖，充满活力。室内设计中常用于儿童房（见图4-32）或家庭活动室，以营造温馨、愉快的氛围。

　　黑色：给人庄重神秘，高贵优雅之感。室内设计中常用于豪华酒店或高档餐厅（见图4-33），以营造高端、典雅的氛围。

　　白色：清新纯洁，干净整洁。室内设计中常用于客厅（见图4-34）或书房，以营造明亮、开放的氛围。

图4-32　　　　　　　　　　　　图4-33　　　　　　　　　　　　图4-34

　　通过巧妙地运用不同颜色，室内设计师可以创造出更加丰富、协调和有层次的室内空间。了解色彩心理学并掌握颜色的运用技巧，室内设计师将创造出更加舒适、宜人和具有吸引力的室内环境。

4.2　马克笔基础表现技法

4.2.1　认识马克笔

1. 马克笔的概念

　　马克笔，也称为记号笔，是一种专用的绘图彩色笔，如图4-35所示。它含有墨水，通常配备笔盖，笔头相比其他类型的绘画工具，如毛笔或水彩笔，显得更为坚硬。马克笔的墨水易挥发，这一特性使其非常适合快速绘图。因此，它常用于设计广告标语、海报以及其他美术创作中，能轻松画出粗细不同的线条，展现出丰富的艺术效果。马克笔在绘画时能够呈现出颜色鲜亮、明朗的画面效果，图4-36所示的沙发便是一个很好的例子。

图4-35

图4-36

2. 马克笔的种类

常用的马克笔有酒精油性马克笔、水性马克笔、丙烯马克笔三大类。

（1）酒精油性马克笔：这款马克笔以卓越的覆盖力和鲜艳的色彩在众多马克笔中脱颖而出。其墨水中的高浓度染料确保了颜色的纯度和鲜艳度，笔触粗犷且富有表现力。速干特性使其不易晕染，且其耐水耐光性极佳，即使在多次叠加颜色后，也不会对纸张造成损伤，色彩依旧柔和自然。不过，值得注意的是，这款马克笔在使用时会散发出较大的酒精气味，因此请确保在通风良好的环境中使用。其适用范围广泛，无论是绘图、书写、做记号还是设计POP广告，都能轻松应对，是专业人士的得力助手，如图4-37所示。

（2）水性马克笔：其墨水具有清澈透明的特点，变干后仍可以加水使用，具有较高的实用性，适合学生以及对酒精过敏的人群使用，如图4-38所示。其笔迹可以擦洗，但在颜色混合后容易产生杂质。

（3）丙烯马克笔：丙烯马克笔以出色的防水性而备受青睐。这种独特的绘画工具在使用时不易被水晕染，使得作品能够持久且清晰地保存。丙烯马克笔的应用范围非常广泛，从T恤、鞋子等纺织品，到木板、玻璃、墙壁等多种硬质媒介，都能轻松应对。无论是DIY创意作品还是专业绘画，丙烯马克笔都能为设计师们提供丰富的创作空间和可能性，如图4-39所示。

图4-37

图4-38

图4-39

3. 马克笔的笔触特点

在室内设计手绘中，马克笔因其独特的笔触成为设计师的得力助手。其笔触的灵活多样以及良好的覆盖性与过渡性，为设计图增添了丰富的层次感。

马克笔的笔触特点主要体现在以下3方面。

灵活多样：设计师可调整笔触的轻重、快慢和角度，创造出独特的线条和纹理，轻松描绘家具轮廓、材质纹理和光影变化，如图4-40所示。

细腻与粗犷：笔触可细腻柔和，也可粗犷有力。细腻笔触用来展现精致的细节和柔和的光影，粗犷笔触用来突出空间层次和设计重点，如图4-41所示。

覆盖与过渡：笔触覆盖性强，色彩过渡自然。设计师可轻松调整色彩的明暗关系，使设计图更生动、逼真，如图4-42所示。

图4-40

图4-41　　　　　　　　　　　　　　　　　图4-42

常见笔触类型主要有以下4种。

细线点睛：用细笔头或侧锋轻轻地勾勒家具的轮廓和细节，展现线条流畅性和细腻感，如图4-43所示。

宽笔挥洒：用宽头大面积铺色，表现空间整体色调和氛围，调整笔触轻重和角度，还可以展现丰富的色彩和光影效果，如图4-44所示。

图4-43

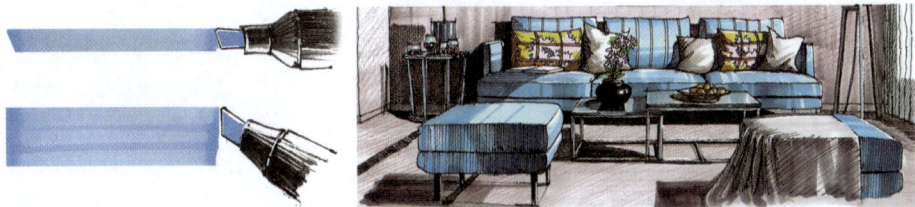

图4-44

点触生辉：轻点笔头以展现材质纹理和光影渐变效果，增强设计图的立体感和质感，如图4-45所示。

提笔细绘：精细描绘时稍稍提笔，用更细的笔触进行过渡和细节处理，可使设计图更精致和引人入胜，如图4-46所示。

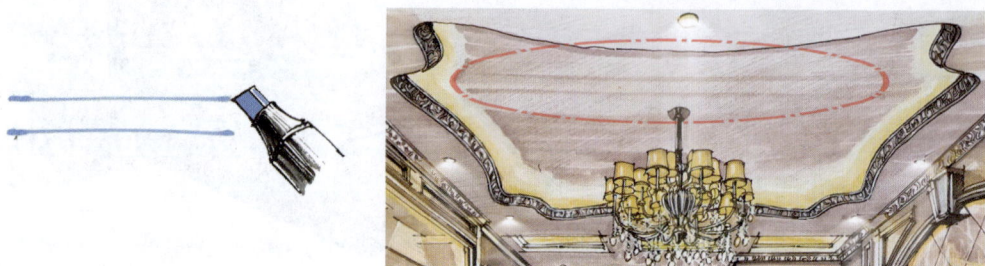

图4-45

图4-46

4.2.2 单行摆笔（平移）

1. 单行摆笔的概念

单行摆笔是马克笔的基本技法之一，其主要特点为线条以平行或垂直的形式排列，形成简洁的块面效果，可以增强画面的秩序感。在此技法下，各笔画之间的衔接痕迹较为明显，如图4-47所示。

图4-47

2. 单行摆笔的特点

单行摆笔是马克笔绘画中的一种基本技法，其特点主要包括以下6个方面。

（1）线条排列：线条以平行或垂直排列为主，形成独特的效果，如图4-48所示。

（2）快速明确：要求快速、明确地完成线条的绘制，线条完整有力，如图4-49所示。

（3）一气呵成：长线条应一气呵成，避免停笔，如图4-50所示。

（4）秩序感：通过线条的排列建立秩序感，使画面整洁、有序，如图4-51所示。

（5）适合大块面的塑造：适用于塑造大块面，笔触工整，线条分明，如图4-52所示。

（6）笔触过渡：通过调整笔触的疏密和粗细，以及利用折线的笔触形式逐渐拉开间距，可实现较好的过渡效果，如图4-53所示。

图4-48

图4-49

图4-50

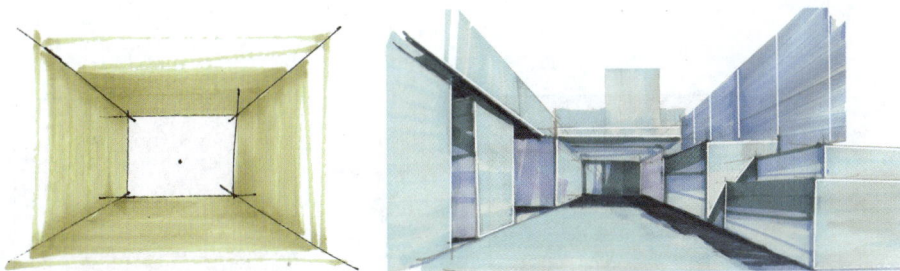

图4-51

图4-52

图4-53

3. 单行摆笔的训练

掌握单行摆笔技巧需从多维度进行训练。

（1）控笔基础：初学者需精练笔触，掌握控笔的力度、速度和方向，使每一笔都能精准表达意图，如图4-54所示。

（2）过渡自然：通过调整笔触的疏密、粗细及折线形式，实现平滑过渡，如图4-55所示。

（3）不同方向的训练：除常规排列，还需在不同方向运用单行摆笔进行绘制，以全面掌握单行摆笔的技巧，如图4-56所示。

（4）大面积排列：面对大面积区域，须有序排列线条，塑造整洁的大块面效果，如图4-57所示。

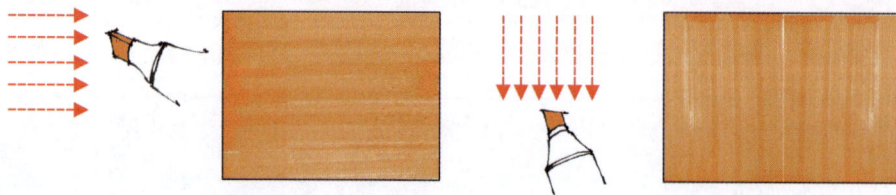

图4-54

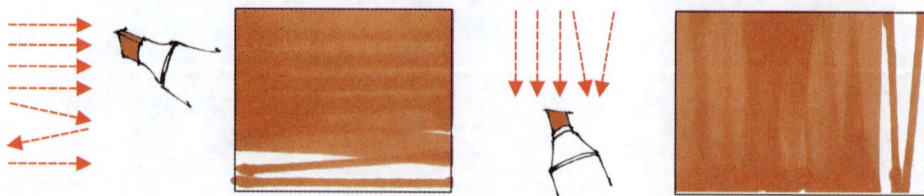

图4-55

图4-56

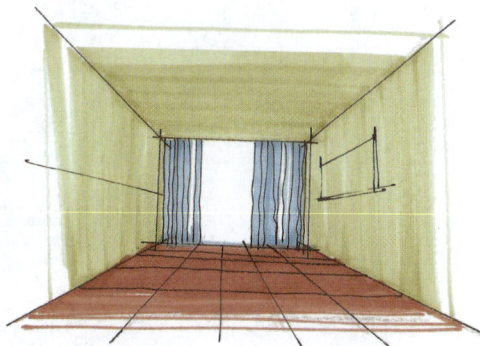

图4-57

4.2.3　叠加摆笔

1. 叠加摆笔的概念

在室内设计手绘中，叠加摆笔是指在使用马克笔进行绘画时，通过在不同方向上叠加线条和深浅色调，使画面色彩更加丰富、过渡更加自然的一种技法，如图4-58所示。这种技法常用于表现室内场景中的细节、材质和光影变化，如图4-59所示。运用叠加摆笔时，需从浅至深叠加颜色，以确保画面效果自然且层次鲜明。

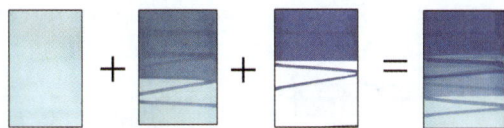

图4-58

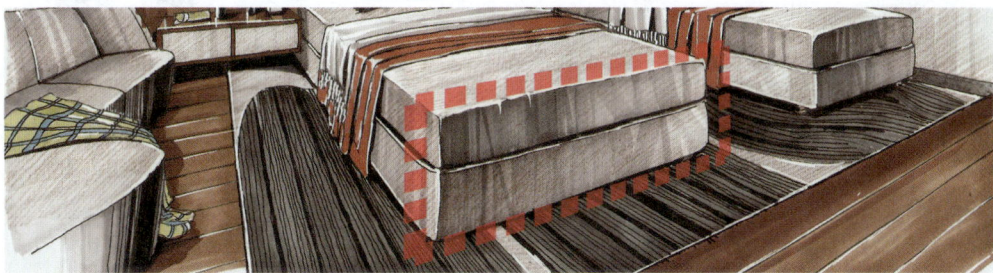

图4-59

2. 叠加摆笔的特点

叠加摆笔（见图4-60）的主要特点可归纳为以下4点。

（1）色彩丰富：通过叠加不同颜色，可以创造出丰富的色彩效果，使画面更加饱满。

（2）过渡自然：叠加摆笔能够平滑地过渡颜色，减少色差，使画面更加和谐。

（3）对比明显：通过叠加同类色系的颜色，可以强调色彩对比，突出室内元素的质感和层次感。

（4）秩序感强：叠加摆笔要求运笔方向统一，避免交叉，从而保持画面的秩序感。

图4-60

3. 叠加摆笔的训练

在进行叠加摆笔训练时，为了快速掌握其核心技巧，建议读者从两种或3种同类色的叠加训练开始，如图4-61所示。这种训练方法有助于读者深入理解颜色叠加的原理及其产生的视觉效果。为了更全面地提升绘画能力，可将基本体（见图4-62）、家具（见图4-63）和室内铺装材质（见图4-64）等元素作为实践对象。这些元素不仅为训练提供了更多样化的内容，还能帮助读者熟练掌握颜色的叠加技巧，加强对画面的塑造能力。

在基础技巧得到巩固后，便可增加训练难度，如通过几何体的叠加训练来提升模拟光影和明暗变化的能力，使画面更具层次感、立体感和生动感，增强画面的视觉冲击力，如图4-65所示。

图4-61

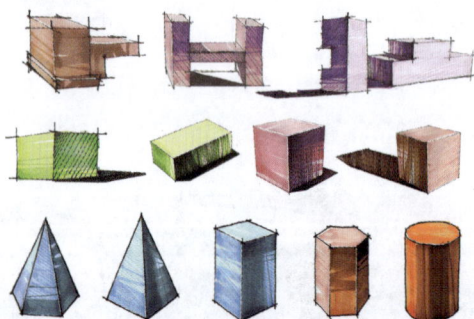

图4-62

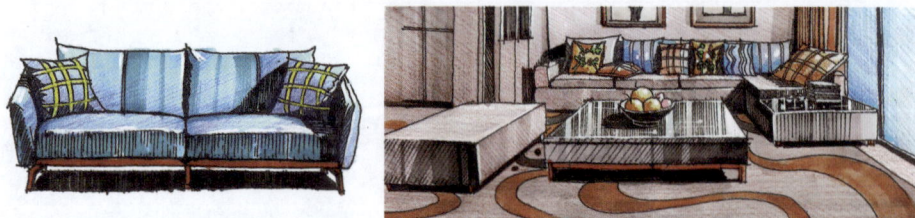

图4-63

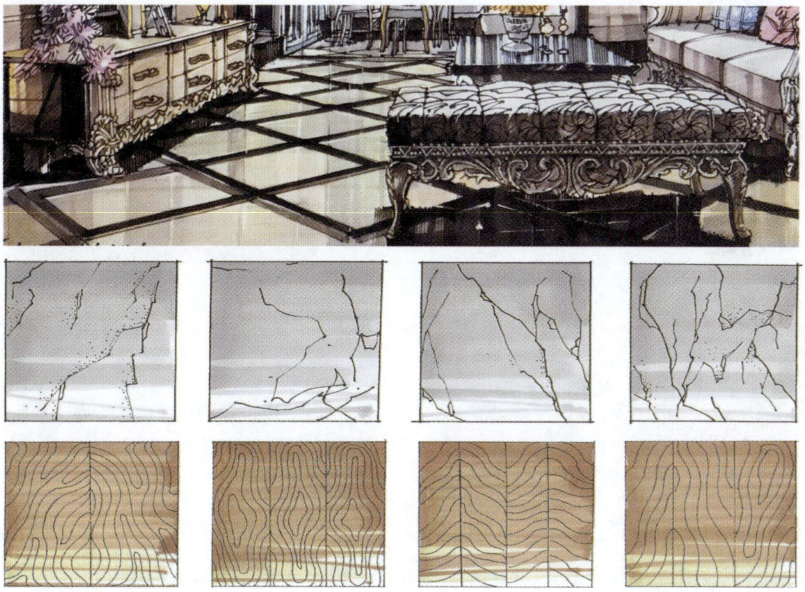

图4-64

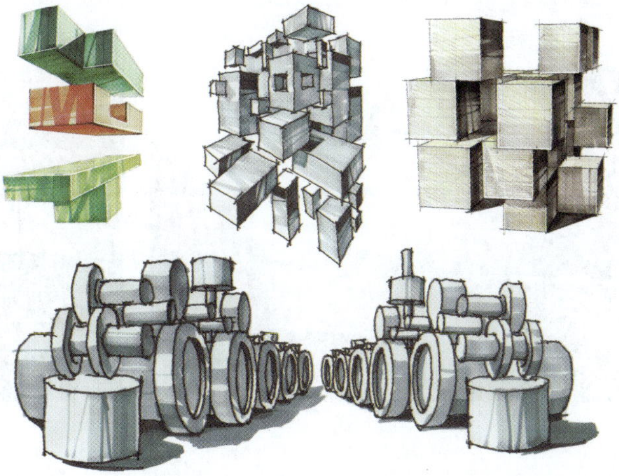

图4-65

综上所述，通过逐步提升难度进行训练，读者能够精通马克笔的叠加摆笔技巧，并自如地将其应用于各类绘画作品中。这将极大地提升绘画作品的表现力，赋予绘画作品更强的感染力和艺术魅力。

4.2.4 扫笔

1. 扫笔的概念

扫笔是一种马克笔绘画技巧，其特点是起笔稍重，然后迅速运笔并提笔，整个过程速度较快，没有明显的收笔动作。与摆笔相比，扫笔更注重表现明显的衰减变化，而不是强调笔触的收尾，如图4-66所示。

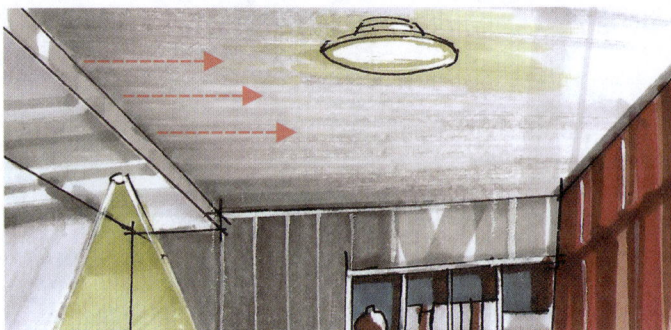

图4-66

2. 扫笔的特点

扫笔这一高级的绘画技法，不仅要求绘画者具备深厚的艺术功底，还需要绘画者在运笔时精准地把握扫笔的特点。下面将详细探讨扫笔的几个显著特征，这些特征共同构成了扫笔在绘画中的独特魅力。

（1）快速运笔：扫笔要求运笔迅速，以表现出光效或阴影的衰减效果，如图4-67所示。

（2）无明显收笔：扫笔不需要明显的收尾笔触，以避免破坏衰减效果，如图4-68所示。

（3）方向控制：尽管没有明显的收笔动作，但扫笔仍需注意方向的控制，以保持画面的整体秩序，如图4-69所示。

（4）长短要求：扫笔的长度与衰减效果有关，需要根据具体场景调整扫笔的长度，如图4-70所示。

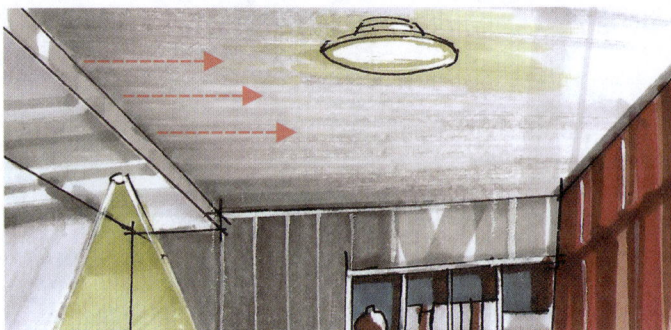

图4-67

图4-68

图4-69

图4-70

3. 扫笔的训练

为了熟练掌握扫笔这一技法，训练将主要聚焦于以下4个方面，同时将室内家具作为基础练习对象。通过这些针对性的练习，我们将逐步提升扫笔的运用能力。

（1）基础练习：进行基础的起笔和提笔练习，掌握扫笔的基本动作，如图4-71所示。

（2）速度和力度控制：逐渐提高运笔速度和力度，快速表现出长度不同的衰减笔触，如图4-72所示。

（3）方向感培养：在练习时注意方向的控制，保持画面的整体秩序，如图4-73所示。

（4）衰减效果练习：通过绘制光效或阴影，练习衰减变化的表现，如图4-74所示。

图4-71

图4-72

图4-73

图4-74

4.2.5 斜推

1. 斜推的概念

斜推笔触在透视图的绘制中至关重要，它能有效减少锯齿现象，使画面生动、自然。当线条交叉区域随视点变化时，平移笔触常导致锯齿现象，而斜推则能很好地展现透视效果，是绘制透视图的必备技巧，如图4-75所示。

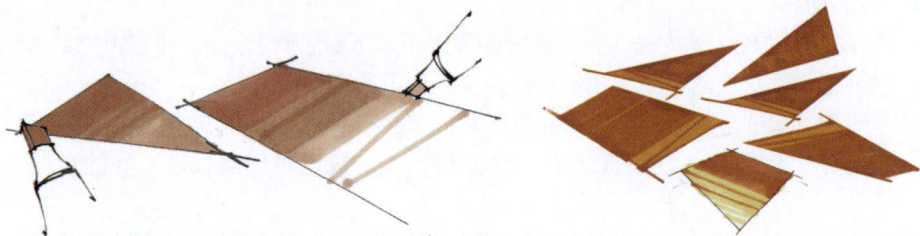

图4-75

2. 斜推的特点

斜推笔触的特点主要体现在以下4个方面。

（1）平行之美：笔触方向与线稿边缘线平行，使画面和谐统一，如图4-76所示。

（2）渐变之韵：画面两侧的色彩向中间逐渐融合，使画面更自然、流畅，如图4-77所示。

（3）边缘贴合：绘画时尽量贴合边缘线，有助于凸显物体的轮廓和形态，如图4-78所示。

（4）锯齿无踪：斜推技巧能确保笔触边缘平滑，减少锯齿现象，使画面更精致，如图4-79所示。

图4-76	图4-77

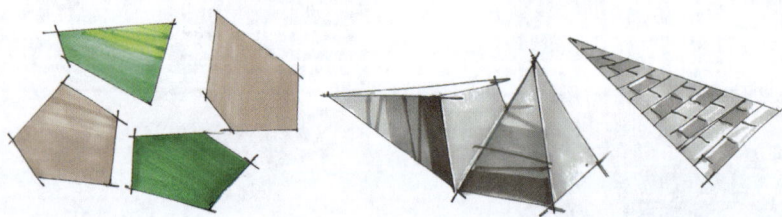

图4-78

图4-79

3. 斜推的训练

为了熟练掌握斜推技巧,我们需要进行有针对性的训练。通过不规则几何体家具(见图4-80)、棱角铺装(见图4-81)、不规则的室内空间(见图4-82)等,我们可以有效提升控笔能力和对形体的整体掌控能力。这些内容为我们提供了丰富的练习素材,帮助我们更好地理解斜推笔触在实际应用中的效果。

图4-80

图4-81

图4-82

4.2.6 揉笔带点

1. 揉笔带点的概念

揉笔带点是室内设计手绘中的一种常用技法,如图4-83所示。这种笔触广泛应用于描绘窗外天空(见图4-84)、墙面装饰画作(见图4-85)、地毯纹理(见图4-86)、窗帘褶皱图案、家具细节以及室内植物的叶片与轮廓(见图4-87)等对象。该技法强调柔和、自然的色彩过渡,以提供真实且细腻的视觉体验。

图4-83  图4-84  图4-85

图4-86

图4-87

2. 揉笔带点的特点

揉笔带点（见图4-88）的特点主要表现在以下几个方面。

（1）色彩柔和过渡：采用揉笔带点技法，能够实现画面色彩的柔和过渡，增强画面的细腻感和真实感。

（2）笔触灵活多变：该技法的笔触形式多样，可灵活应用于不同描绘对象，展现丰富的艺术效果。

（3）适用场景广泛：揉笔带点技法在室内设计手绘中广泛应用于室内立体绿化、窗外的天空、墙面、地毯、窗帘等对象，为画面增添了立体感和生动感。

（4）笔触自然、随意：这类笔触强调自然、随意，使画面更具生活气息和真实感，为室内设计作品注入了独特的艺术魅力。

图4-88

3. 揉笔带点的训练

揉笔带点技法在室内设计中应用广泛，尤其适用于地毯、窗帘和植物等对象细节的绘制，如图4-89所示。通过练习，可以掌握该技法的运用技巧。运用时要注意层次感的体现，避免覆盖浅色区域时造成混乱，影响画面整洁度。尝试不同力度和速度的运笔，感受其对色彩过渡和细节表现的影响。保持画面和谐统一，使笔触更好地服务于室内设计作品，可为作品增添艺术魅力和细节之美。

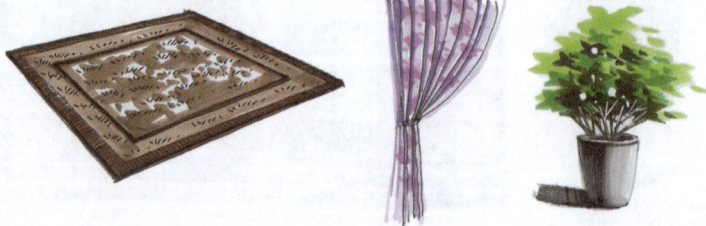

图4-89

4.2.7 点笔

1. 点笔的概念

点笔是室内设计手绘中用于描绘细小物体和室内植物的关键技巧。它以块面为主,而非线条,能有效展现出形体块面的变化和疏密关系,如图4-90所示。

图4-90

2. 点笔的特点

点笔的显著特点有以下两个,如图4-91所示。

(1)块面为主:以块面的形式呈现,注重表现物体的形态和块面感。

(2)疏密关系与章法:笔触之间需保持明确的疏密关系和章法,避免随意乱点,确保画面的整体秩序。

图4-91

3. 点笔的训练

(1)室内植物点笔练习:选择有明显特征的植物,如盆栽绿植(见图4-92),使用点笔技巧绘制叶片,注意表现叶片的边缘和整体质感。

(2)室内元素点笔练习:选择室内元素,如窗帘、地毯等,如图4-93所示,专注于用点笔技巧捕捉和表现这些元素的细节特征。

(3)结合场景练习:选择室内场景,如客厅(见图4-94)、卧室等,先使用点笔技巧概括地表现整体场景,再逐步深入各个细节部分。将点笔与其他手绘技巧结合,绘制出完整的室内设计手绘作品。

图4-92

图4-93

（4）创意点笔练习：使用点笔技巧自由创作，探索更多效果和风格。尝试将点笔与其他绘画媒介或工具结合，创造独特的视觉效果，如图4-95所示，创意装饰挂画采用了色粉、彩铅以及马克笔等工具进行点笔的练习。

图4-94

图4-95

4.2.8 挑笔

1. 挑笔的概念

利用马克笔的宽头与细头，通过调整运笔角度，可得到丰富多样且灵活多变的笔触。挑笔技法主要适用于表现室内场景中的灌木、草本植物（见图4-96）、蕨类植物、竹芋类植物的叶片以及部分装饰元素的形态与质感。

图4-96

2. 挑笔的特点

（1）多样性：挑笔技法利用马克笔的宽头与细头，通过调整运笔的角度和力度，可以产生丰富多样的笔触效果。这些笔触可以在形态、纹理、浓淡、虚实等方面展现出不同的特点，为画面增添丰富的层次和变化，如图4-97所示。

（2）灵活性：挑笔技法具有高度灵活性，可以根据需要随时调整运笔的角度、力度和速度，以适应不同室内植物（见图4-98）和装饰元素的形态和质感表现。这种灵活性使得挑笔技法在室内设计手绘中得到广泛应用。

（3）表现力：挑笔技法能够准确地表现室内植物和装饰元素（见图4-99）的形态、质感和空间感。通过精细的笔触与合理的排列，可以体现出物体的立体感和空间感，使画面更加生动、逼真。

图4-97

图4-98

图4-99

3. 挑笔的训练

挑笔的训练主要基于室内场景中的植物和装饰元素，这些元素为训练提供了丰富的素材和参考。

（1）植物素材：灌木、草本植物、蕨类植物和竹芋类植物的叶片是挑笔训练的主要素材。它们的形态、纹理和质感各不相同，为读者提供了多样的练习选择，如图4-100所示。

（2）装饰元素：室内场景中的瓷器、玻璃等装饰元素也是挑笔训练的重要素材，如图4-101所示。这些元素通常具有独特的形态和质感，通过练习描绘它们，可以进一步提高挑笔技法的运用水平。

图4-100

图4-101

4.3 马克笔体块训练

4.3.1 马克笔的体块与光影探索

1. 几何形体训练

在马克笔体块训练中，几何形体训练占据着举足轻重的地位。通过精心绘制正方体、长方体、球体、棱柱体等基本几何形体（见图4-102），读者不仅能够逐渐掌握马克笔的使用技巧，还能够提升控笔的稳定性和准确性，有助于培养形态感知能力，为后续绘制家具或空间中的其他物体打下坚实的基础。

2. 家具光影关系训练

在掌握几何形体绘制技巧的基础上，进一步学习如何运用马克笔模拟真实的光影效果，为室

图4-102

内家具增添立体感和质感。通过仔细观察和绘制不同角度、不同光照条件下的几何形体家具，读者可以逐渐掌握光影与形态之间的关系，使绘制的家具更加生动、逼真，如图4-103所示。

图4-103

4.3.2　马克笔着色技巧：渐变与过渡的呈现

1. 家具单体的渐变与过渡

在室内设计中，家具色彩的渐变和形态的过渡是实现空间和谐统一的关键。通过马克笔进行着色，读者可以学习如何在单个家具上实现色彩的渐变以及形态的平滑过渡，如图4-104所示。从色彩的深浅、冷暖变化到形态的大小比例、曲线变化，每一个细节的处理都需要精心策划和反复练习。通过不断实践，读者可以逐渐掌握马克笔着色的技巧，为室内空间增添层次感和动感。

图4-104

2. 室内空间物体的渐变与过渡

在掌握了家具单体的渐变与过渡技巧后，读者可以进一步学习如何将这种技巧应用于整个室内空间。读者可尝试实现不同物体之间颜色的渐变与形态的过渡，使空间中的各个元素相互呼应、和谐统一，如图4-105所示。

图4-105

4.4 彩铅与色粉的笔触特点与上色技巧

4.4.1 彩铅与色粉基础知识及笔触特点

1. 彩铅概述

彩铅是一种独特的绘画工具，其因便捷的上色方式、可修改的特性以及丰富的色彩选择，在室内设计效果图绘制中扮演着至关重要的角色。它可以直接通过细致的排线覆盖整个画面，实现独立上色，如图4-106所示。此外，彩铅还能在马克笔的基础上，通过精细的排线技巧，实现色阶的平滑过渡，为画面增添更多的层次感，如图4-107所示。

图4-106

图4-107

2. 彩铅的笔触特点

彩铅作为一种绘画工具，具有独特的笔触魅力，图4-108所示的纯彩铅效果图充分体现了这一点。从绘画角度看，彩铅的笔触特点可概括为以下3个方面。

（1）干涩感与颗粒感：彩铅的笔触带有一种干涩感，这是因为其颜料中含有颗粒成分，可为画面增添独特的质感和触感。

（2）细腻清晰：彩铅的笔触要求细腻且清晰，绘画时线条应细密，避免过多的叠加，以保持画面的整洁和细节的丰富。

（3）色彩过渡与补充：彩铅不仅能用于勾勒形状和线条，还能通过色彩的过渡和补充，丰富画面的层次。

图4-108

3. 彩铅的训练方法

（1）基础技巧打磨：从控制线条方向开始，熟悉运笔力度，再到色彩混合与过渡处理，为后续使用彩铅绘制场景打下坚实基础，如图4-109所示。

（2）家具细节雕琢：使用彩铅深化对家具的描绘，从轮廓到色彩渐变，再到质感表现，生动展现家具的独特魅力，如图4-110所示。

（3）空间整体呈现：将家具与空间完美融合，通过构图以及对墙面与地面进行处理，呈现完整的室内彩铅效果图，展现彩铅在室内设计中的无限魅力，如图4-111所示。

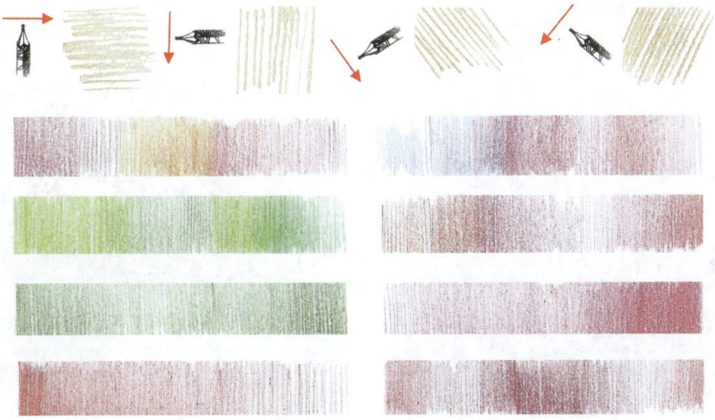

图4-109

图4-110

图4-111

4. 色粉笔概述

色粉笔是一种由颜料粉末制成的干粉笔，通常用于室内设计手绘，如图4-112所示。在室内设计手绘中，色粉是常用的渲染工具，为设计师提供了一种快速、灵活的创作方式，特别适合用来铺设画面底色，如图4-113所示。

图4-112

5. 色粉的特点

色粉具备以下4个显著的特点，如图4-114所示。

（1）色彩丰富：色粉提供了多种颜色选择，满足了设计师对色彩的需求。

（2）易于上手：与其他绘画材料相比，色粉更容易上手，适合不同水平的设计师使用。

（3）渲染效果自然：色粉可以产生自然、柔和的渲染效果，适用于室内空间中的各种场景和细节描绘。

（4）与其他材料的兼容性：色粉可以与其他绘画材料结合使用，如水彩颜料、马克笔等，以创造出更丰富的视觉效果。

图4-113

图4-114

6. 色粉的训练方法

（1）刮粉渲染：刮出色粉粉末，为室内场景快速铺设色彩，构建作品的基础层，初步展现整体画面的质感与层次，为后续的细节描绘和色彩调整奠定基础，如图4-115所示。

（2）定调与擦拭：在基础层构建完成后，接下来需要确定并巩固画面的整体色调。用纸笔擦拭深色调，确保画面的色调和谐统一，为后续的色彩叠加奠定基础，如图4-116所示。

（3）结合马克笔丰富色彩：在色粉的基础上，使用马克笔辅助上色，为画面增添更多的环境色和细节，如图4-117所示。

通过这3个步骤，读者便可轻松掌握使用色粉上色的技巧，为室内设计手绘作品增色添彩。

图4-115 　　　　　　　　　　　　　　　　　图4-116

图4-117

4.4.2　彩铅的笔触叠加与过渡技巧

彩铅的笔触叠加与过渡方式因排线方向的不同而呈现多样性（见图4-118）。同类色的叠加与过渡在室内设计效果图中尤为常见，如图4-119所示。但在实际操作中，对于暗部颜色的叠加需要特别谨慎，过多的叠加可能会导致画面暗部显得杂乱，甚至产生脏腻的效果。

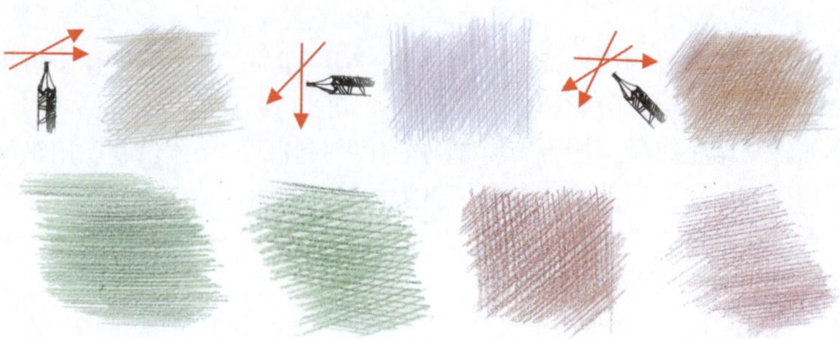

图4-118

图4-119

为确保画面的和谐与美观，在运用彩铅进行叠加与过渡时需特别关注以下3点（见图4-120）。

（1）加深颜色与加大力度：适当加深彩铅的颜色和加大绘画力度，以增强色彩的层次感。

（2）一气呵成：尽量一次性完成叠加与过渡，以保持色彩的流畅性和整体感。

（3）保持线条清晰：削尖彩铅笔，这样可以绘制出更加清晰、细腻的线条，进而实现精准的叠加与过渡效果。

通过掌握这些技巧，设计师可以更加自如地运用彩铅，为室内设计效果图增添丰富的色彩层次和细腻的质感，同时避免设计显得过于沉闷。

图4-120

4.4.3　色粉的叠加与过渡技巧

色粉的叠加与过渡操作简单，只需将色粉粉末刮出，然后用纸巾或擦笔融合不同的颜色，同时调整擦拭力度即可实现色粉的叠加与过渡。均匀擦拭能实现柔和的过渡效果，而增加色粉量并用力擦拭则可实现颜色的覆盖与叠加效果，如图4-121所示。

图4-121

4.5 彩铅与马克笔的综合上色训练

4.5.1 彩铅与马克笔结合的笔触表现

　　绘制室内设计效果图时，巧妙地运用马克笔留白，并用彩铅进行细腻的衔接和过渡，是一种非常有效的绘画技法。这种方法不仅能让马克笔的笔触变得柔和、自然，还能丰富画面的色彩层次。在使用彩铅时，迅速而精准地排线是关键，需要确保线条清晰且运笔力度适中，以达到最佳的过渡效果，如图4-122所示。

图4-122

4.5.2 马克笔与彩铅的常见错误笔触总结

　　（1）马克笔的常见错误笔触总结如下。
　　① 运笔速度慢，笔触不明显且颜色深，如图4-123所示。
　　② 犹豫不定、衔接频繁，线条琐碎，如图4-124所示。
　　③ 叠加时没有过渡笔触，衔接生硬，如图4-125所示。
　　④ 笔没有完全压在纸上，线条残缺，如图4-126所示。
　　⑤ 太强调过渡，画面琐碎，如图4-127所示

图4-123

图4-124

图4-125

图4-126

图4-127

（2）彩铅的常见错误笔触总结如下。

① 十字交叉现象太过明显且线条僵硬死板，如图4-128所示。

② 叠加次数过多，如图4-129所示。

③ 线条感觉无力且间距过大，如图4-130所示。

④ 排线太过随意，笔触混乱且叠加次数过多，如图4-131所示。

⑤ 彩铅线条过于模糊，如图4-132所示。

 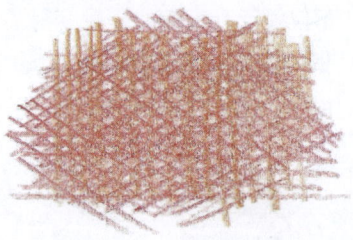 

图4-128   图4-129   图4-130

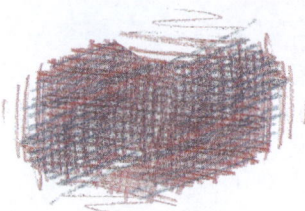 

图4-131   图4-132

4.5.3 彩铅与马克笔结合训练方法

为提升室内设计手绘技巧，需专注于练习绘制家具与其他陈设物品。采用彩铅与马克笔结合的方式对墨线稿进行上色，展现家具等的质感和光影变化，如图4-133所示。同时，还可以借助简单的室内空间进行马克笔与彩铅的渐变与过渡训练，逐渐掌握两者结合使用的技巧，如图4-134所示。

图4-133

图4-134

4.6 本章小结

通过本章的学习，我们深入认识了色彩的基本原理、类型、属性以及调和方法，同时也掌握了马克笔的各种基础表现技法，如单行摆笔、叠加摆笔等，并熟悉了如何运用彩铅与色粉进行上色。通过马克笔体块训练，我们的控笔能力和光影表现能力得到了提升，并掌握了渐变与过渡技巧。最后，我们学习了彩铅与马克笔结合的笔触表现和训练方法，并了解了常见的错误笔触。这些学习内容让我们掌握了丰富的色彩表现技巧，有助于我们在绘画和设计工作中更有效地运用色彩。

4.7 课后实战练习

4.7.1 家具展示中的笔触过渡效果与色彩的冷暖关系

在深入研究色彩基础理论与各类表现技法的基础上，我们还需深入理解色彩的原理和规律，从而更准确地运用色彩来表达作品的主题和情感。为了让大家更直观地感受笔触过渡效果与画面色彩的冷暖关系，本小节将展示几幅使用马克笔完成的家具展示作品。这些作品以现代风格的家具为主题，通过展示笔触过渡效果与色彩的冷暖关系，显著增强了作品的视觉冲击力与艺术感染力。

4.7.2 动手练习，精进技艺

　　动手练习是设计师精进技艺的必经之路。通过不断实践，我们能够逐步熟悉并掌握马克笔、彩铅、色粉等绘画工具的使用技巧，深入了解它们的特性，并熟练运用它们来提升绘图能力。无论是初学者还是资深设计师，都需要通过实际的练习来提升设计水平。为此，下面将提供成品效果图供大家参考和临摹，以激发灵感，掌握更多的技巧。让我们一同在室内设计的道路上不断实践，创造出更多出色的室内空间效果图。

第 **5** 章

室内家居
陈设表现

本章概述

本章主要介绍各种室内家居陈设的表现形式，包括沙发、椅子、桌子、床体、灯具、办公家具等，并详细讲解它们的表现方式和技巧。此外，本章还将介绍室内陈设的表现步骤，并提供各式各样的家具图例来表现不同陈设的形体与质感等。

5.1 室内家居陈设——沙发

5.1.1 沙发

1. 沙发概述

　　沙发是一种常见的家具，通常由实木框架或金属框架与海绵椅垫组成，如图5-1所示。在绘制沙发时，需要注意表现实木框架或金属框架的硬朗质感和精确绘制其几何形态，同时需要表现出海绵椅垫的柔软和蓬松，如图5-2所示。通常采用暖色调表现沙发，如棕色、米色、橙色等，并根据实际材质表现其纹理与质感，如图5-3所示。

　　手绘沙发时需要综合考虑其结构、形态、色彩和纹理，运用透视技巧和阴影等，将三维形态准确呈现于平面上，这需要设计师具备一定的绘画技巧和对沙发结构有深入的了解。

图5-1　　　　　　　　　　图5-2　　　　　　　　　　图5-3

2. 沙发的表现

　　沙发是室内家装中不可或缺的元素。根据不同的室内家装风格，选择的沙发造型与风格也会有所不同。本案例以简欧式沙发为绘制对象，主要使用的颜色如图5-4所示。

　　（1）使用铅笔轻轻地勾勒出简欧式沙发的整体造型，如图5-5所示。

　　（2）依据铅笔底稿，使用签字笔绘制出沙发的外轮廓与投影位置，并修正铅笔底稿中的造型差错，如图5-6所示。

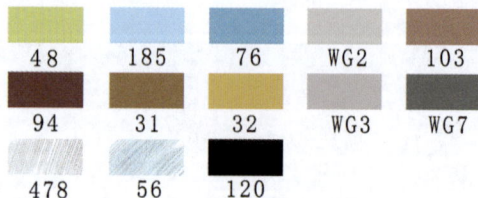

图5-4

　　（3）使用签字笔绘制出沙发坐垫、靠枕、靠背的具体造型，并细化实木底座框架，如图5-7所示。

　　（4）通过排线绘制出沙发在地面上的投影，并细化靠背上木质雕花的造型，如图5-8所示。

　　（5）细致刻画靠枕的明暗关系与纹理，使用黑色的马克笔调整沙发的暗部层次，使线稿的明暗对比更强烈，如图5-9所示。

　　（6）使用马克笔整体表现简欧式沙发的亮色，奠定暖色基调，如图5-10所示。

　　（7）区分不同材质，绘制出简欧式沙发木质结构的固有色，保留局部亮色，如图5-11所示。

　　（8）表现出简欧式沙发坐垫、靠背及靠枕的固有色，使画面颜色更丰富，如图5-12所示。

　　（9）使用暖色彩铅进行过渡，并局部加强暗部的层次感及投影效果，使画面的过渡自然、和谐，如图5-13所示。

　　（10）使用高光笔表现出简欧式沙发亮部的高光，使画面明暗对比更加突出，如图5-14所示。

图5-5

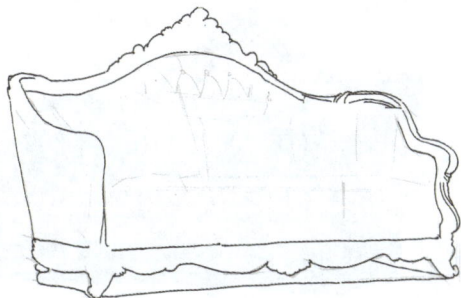

图5-6

图5-7

图5-8

图5-9

图5-10

图5-11

图5-12

图5-13　　　　　　　　　　图5-14

5.1.2　转角沙发组合表现

转角沙发组合
表现

本案例以现代简约式的沙发为绘制对象，巧妙地将现代简约风格与实用功能融为一体，不仅美观大方，也满足了人们对舒适生活的追求。本案例的主要用色如图5-15所示。

112	BG3	BG1	WG3	36
WG5	69	43	242	WG7
478	45	439	120	

图5-15

（1）采用铅笔轻轻地勾勒出转角沙发的整体结构，如图5-16所示。

（2）根据铅笔底稿，用签字笔绘制出转角沙发的外轮廓，同时迅速绘制出背景装饰、盆栽植物和其他家具等的结构，如图5-17所示。

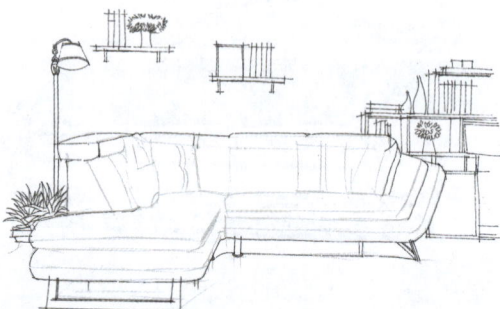

图5-16　　　　　　　　　　　　图5-17

（3）用签字笔整体绘画出转角沙发的细节，注意保持绘画节奏的统一性，如图5-18所示。

（4）通过调整排线的疏密程度表现出转角沙发的投影，并使用黑色的马克笔丰富暗部层次，如图5-19所示。

（5）整体塑造画面的明暗层次，并仔细绘制背景窗帘的造型，完善线稿，如图5-20所示。

（6）运用冷灰色调和暖色调的马克笔，迅速为画面构建基础色调，如图5-21所示。

（7）使用马克笔表现出沙发坐垫、背景墙面装饰物品以及花卉的色调，丰富画面颜色，如图5-22所示。

（8）使用彩铅突出画面环境色，并进行画面冷暖色阶的过渡处理，如图5-23所示。

（9）着重表现转角沙发的金属底座支架，强化局部的明暗转折，以增强画面的明暗对比，如图5-24所示。

（10）调整画面的明暗对比及冷暖关系，并对背景窗帘上的投影效果进行加强处理，以突出前后空间的层次感，如图5-25所示。

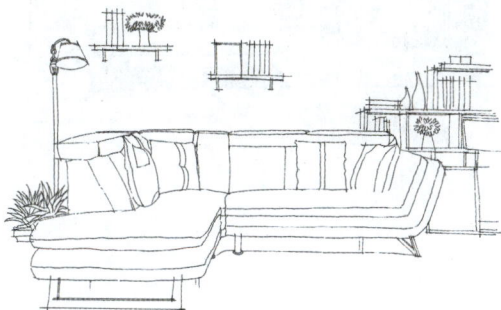

图5-18

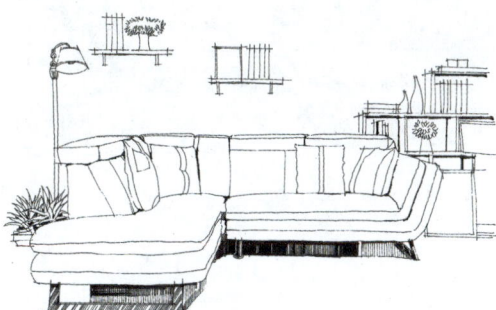

图5-19

图5-20

图5-21

图5-22

图5-23

图5-24　　　　　　　　　　　　　　　　图5-25

5.2　室内家居陈设——椅子

5.2.1　椅子

椅子

1. 椅子概述

椅子由椅背、坐垫、扶手和椅腿构成，如图5-26所示。手绘时，应先观察椅子的整体形态与比例，准确绘制透视线和椅子轮廓。同时，细节处理亦至关重要，包括质感和形状的精细刻画，如图5-27所示。此外，色彩、材质与纹理的选择亦需慎重，应根据室内风格与色调进行精心搭配（见图5-28）。最后，通过运用透视技巧与阴影等，呈现出椅子的三维形态，营造具有立体感的室内效果。

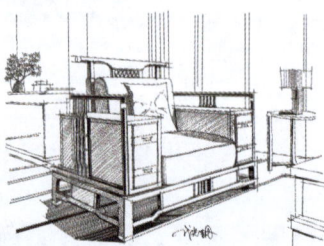

图5-26　　　　　　　　　　图5-27　　　　　　　　　　图5-28

2. 椅子的表现

现代主义风格的座椅因独特的形态与色彩搭配，常常成为室内空间中的视觉焦点。本案例的主要用色如图5-29所示。

（1）使用铅笔迅速绘制出现代主义风格座椅的轮廓，尤其要注意靠背的厚度与曲线变化，如图5-30所示。

（2）根据铅笔底稿，用签字笔流畅地勾勒出座椅的基本外轮廓和整体结构，如图5-31所示。

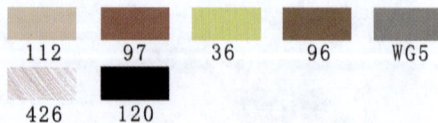

112　　97　　36　　96　　WG5

426　　120

图5-29

（3）精心刻画椅子的框架，细致地绘制出靠背的厚度变化，如图5-32所示。

（4）通过线条的疏密变化巧妙展现出座椅的明暗层次，同时在椅身处预留部分空白区域，为后续上色留出空间，如图5-33所示。

（5）利用黑色的马克笔加强明暗转折，使画面的明暗对比更加鲜明，视觉冲击力更强，如图5-34所示。

（6）以暖色系的马克笔为基础，迅速为画面铺设基础颜色，如图5-35所示。

（7）深化画面的固有色表现，使画面色彩更加丰富多样，如图5-36所示。

（8）进一步加深座椅暗部的色调，强化明暗对比，使画面更具立体感，如图5-37所示。

（9）使用较深的暖灰色加强暗部投影的表现，增强画面的层次感，如图5-38所示。

（10）运用彩铅进行画面色阶的自然过渡，并使用高光笔画出高光，使画面过渡自然、明暗对比强烈，如图5-39所示。

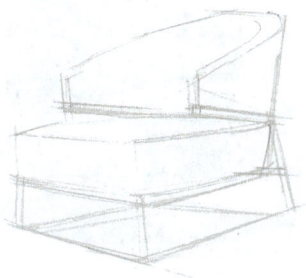

图5-30

图5-31

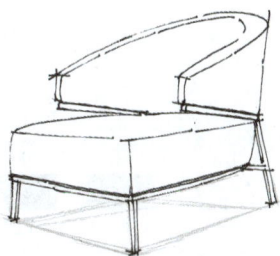

图5-32

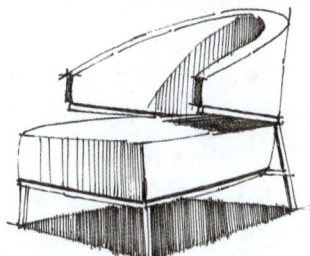

图5-33

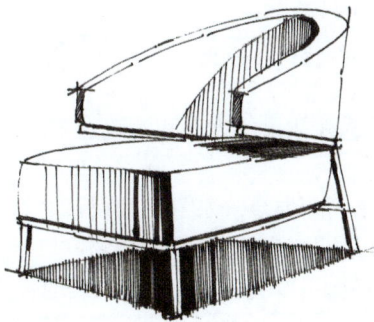

图5-34

图5-35

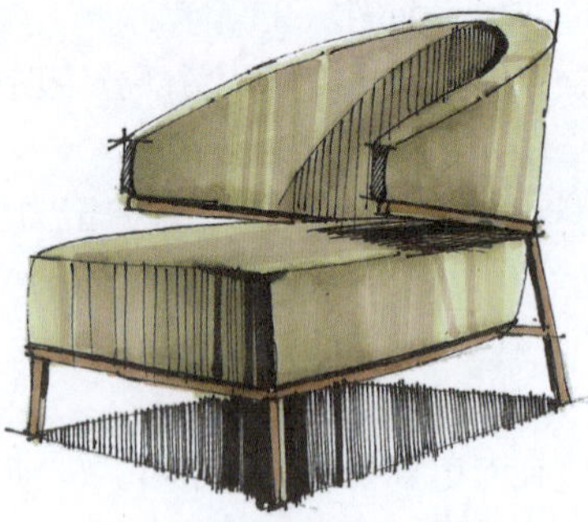

图5-36

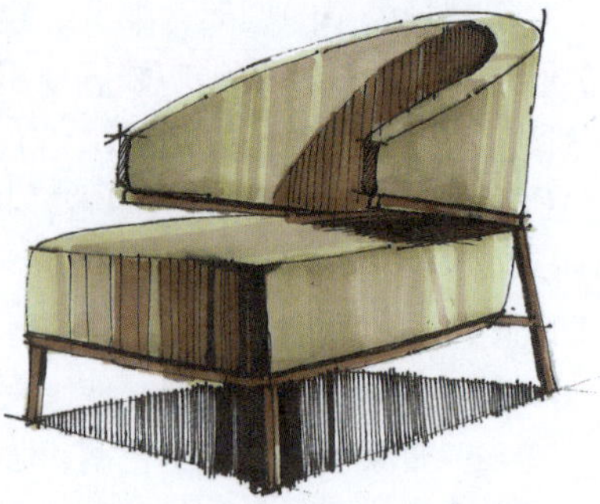

图5-37

图5-38

图5-39

5.2.2 转椅组合表现

转椅的表现，首先要凸显其灵活性和舒适性，同时充分展示其作为家具的装饰性和实用性。接下来将以转椅与圆桌的组合为具体表现对象，这种组合形式需要我们对其造型特点和透视规律进行深入理解，才能更好地把握其表现技巧。本案例的主要用色如图5-40所示。

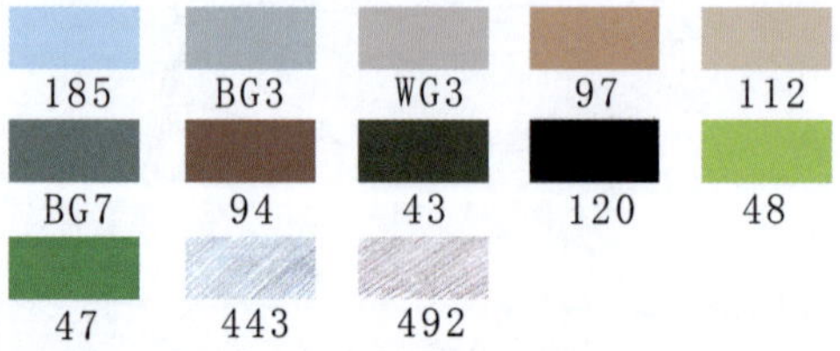

（1）使用铅笔细致地勾勒出转椅、圆桌以及周围环境的整体造型，需耐心对比转椅与圆桌台面之间的位置关系，确保整体比例与结构协调，如图5-41所示。

转椅组合表现

185	BG3	WG3	97	112
BG7	94	43	120	48
47	443	492		

图5-40

（2）根据铅笔底稿，使用签字笔精确绘制出圆桌的结构以及最前面的一把转椅，作为后续绘画的参照，如图5-42所示。

（3）完善其他转椅的造型，特别注意底座结构的透视效果的表现和滑轮的方向，如图5-43所示。

（4）细致刻画植物和圆桌台面上的小物品，以丰富画面内容，如图5-44所示。

（5）绘制出地面木质铺装的分隔线，并强化转椅等的明暗对比效果，如图5-45所示。

（6）使用马克笔精细地为室内的绿色植物上色，并运用冷灰和暖灰色调来表现转椅的质感，完善其他细节，如图5-46所示。

（7）运用马克笔巧妙地表现出圆桌台面和木地板等的材质，注意马克笔笔触的过渡要自然，如图5-47所示。

（8）加强圆桌金属支架等的表现，背景墙采用冷灰色进行表现，以突出冷暖对比，从而增强空间层次感，如图5-48所示。

（9）使用彩铅加强环境色的表现，同时进行色阶过渡，使画面颜色过渡得更加自然、流畅，如图5-49所示。

（10）使用高光笔精心绘制出画面的反光与高光部分，以增强画面的明暗对比效果，如图5-50所示。

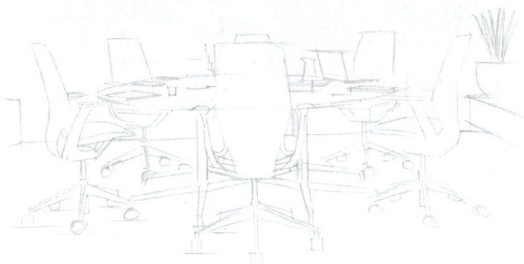
图5-41

图5-42

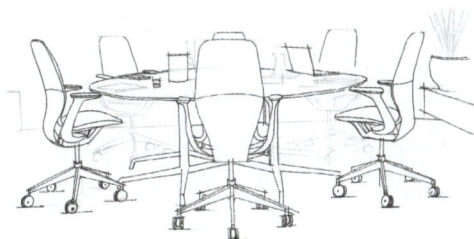
图5-43

图5-44

图5-45

图5-46

图5-47

图5-48

图5-49   图5-50

5.3 室内家居陈设——桌子

5.3.1 桌子

1. 桌子概述

桌子通常具有平坦的桌面和起支撑作用的桌腿，材质多样，如图5-51所示。手绘时需准确掌握其透视关系，用细腻的线条和阴影表现出其立体感和质感，为室内空间增添细节和层次感，如图5-52所示。

图5-51

图5-52

2. 桌子的表现

桌子的表现中，形态、材质、细节与环境的和谐统一尤为关键。以木质方桌为例，我们应运用合适的色彩和笔触，精准展现其独特质感，同时巧妙利用光影强化其立体感。此外，细致刻画桌面纹理和桌腿纹理，能显著提升其整体观赏价值，突出其个性化特色。本案例的主要用色如图5-53所示。

（1）用铅笔勾出木质方桌与坐凳的轮廓，确保造型准确，如图5-54所示。

（2）换用签字笔，进一步描绘出方桌与坐凳的基本结构，注意坐凳与方桌台面的透视关系，

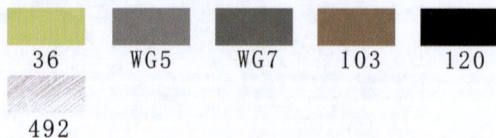

图5-53

确保画面具有立体感，如图5-55所示。

（3）用流畅的线条刻画木纹纹理，绘制凳腿的结构细节，使画面更完善，如图5-56所示。

（4）通过疏密有致的排线表现明暗对比关系，增强画面层次感，如图5-57所示。

（5）加强明暗对比，使用黑色马克笔加深局部明暗交界线，使画面更生动、鲜明，如图5-58所示。

（6）利用马克笔画出木材的亮色区域，用暖灰色渲染暗部，体现木质家具的温润感，如图5-59所示。

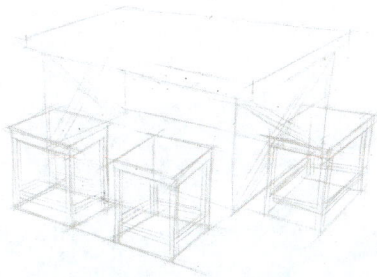

图5-54

图5-55

图5-56

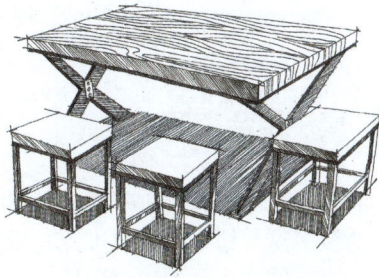

图5-57

图5-58

图5-59

（7）强化木材固有色的表现，注重笔触的自然过渡，使画面和谐统一，如图5-60所示。

（8）丰富色彩层次，加强木材暗部的表现，使画面色彩更饱满，如图5-61所示。

（9）使用彩铅进行细致的过渡处理，确保色阶自然衔接，增强画面协调性，如图5-62所示。

（10）使用高光笔描绘出画面的高光部分，增强画面的视觉冲击力，突出整体效果，如图5-63所示。

图5-60

图5-61

图5-62

图5-63

5.3.2 桌子组合表现

桌子的组合表现主要以新中式风格的圆桌与座椅为绘画对象，这类组合的关键难点在于圆桌台面的透视处理以及座椅靠背的造型设计。本案例的主要用色如图5-64所示。

桌子组合表现

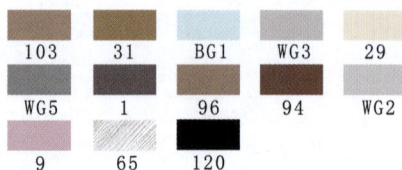

图5-64

（1）用铅笔勾勒出圆桌与座椅等的基本轮廓，如图5-65所示。

（2）用流畅的线条绘制圆桌与座椅的精确轮廓，如图5-66所示。

（3）绘制圆桌上的物品，概括表现背景墙转折处，增强画面层次感和深度感，如图5-67所示。

（4）运用不同方向的排线表现画面的明暗关系，增强立体感和空间感，如图5-68所示。

（5）加强暗部转折，增强画面的层次感，如图5-69所示。

（6）用马克笔表现圆桌与座椅的木质感，突出座椅靠背的亮色部分，以增添光影变化，如图5-70所示。

（7）使用马克笔表现圆桌的冷色调和暗部投影，用暖色表现座椅靠背，营造冷暖对比效果，完善其他细节，如图5-71所示。

（8）突出圆桌与座椅的固有色，使画面更逼真、细节更生动，如图5-72所示。

（9）用彩铅加强环境色的表现并进行色阶过渡，用马克笔强化暗部投影，使画面更协调统一，如图5-73所示。

（10）用高光笔表现画面的高光部分，增强画面的视觉冲击力，使整体效果更出色，如图5-74所示。

图5-65

图5-66

图5-67

图5-68

图5-69

图5-70

图5-71

图5-72

图5-73   图5-74

5.4 室内家居陈设——床体

5.4.1 床体

1. 床体概述

　　床体作为室内设计手绘中的重要元素，通常呈现为长方体或弧形结构，包含床头、床尾和床沿，由横梁和床板支撑。其材质丰富多样，涵盖皮革、金属及实木等，如图5-75所示。在手绘过程中，需特别关注床体的比例和透视关系，以确保其在画面中的准确呈现。同时，细腻的线条和阴影处理能够凸显床体的立体感和质感，为室内空间增添层次与细节，如图5-76所示。

图5-75

图5-76

2. 床体的表现

　　床体的表现案例以现代风格的床为绘画对象，注重线条的流畅与简约，摒弃烦琐的装饰，以简洁明快的造型呈现出一种现代感。本案例的主要用色如图5-77所示。

　　（1）利用铅笔进行总体布局，快速勾勒出床、枕

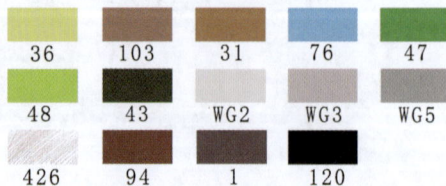

36	103	31	76	47
48	43	WG2	WG3	WG5
426	94	1	120	

图5-77

头及床头柜等的基本结构，为后续绘制打下基础，如图5-78所示。

（2）依据铅笔底稿，使用签字笔精准绘制出床体和床头柜等的外轮廓，确保线条流畅，如图5-79所示。

（3）通过白描的方式完善画面的整体轮廓结构，为接下来的上色步骤做好准备，如图5-80所示。

（4）利用排线技巧，精心表现床及枕头等的明暗关系，以增强画面的立体感，如图5-81所示。

（5）通过疏密有致的排线描绘床体的暗部投影，并用黑色的马克笔加强暗部的层次感，如图5-82所示。

（6）使用马克笔细致描绘床板、床头柜以及枕头等的色调，展现其材质特性，如图5-83所示。

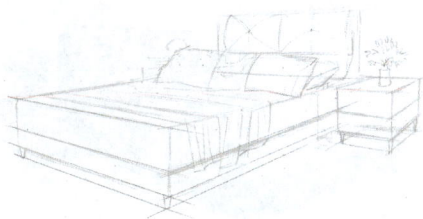

图5-78

图5-79

图5-80

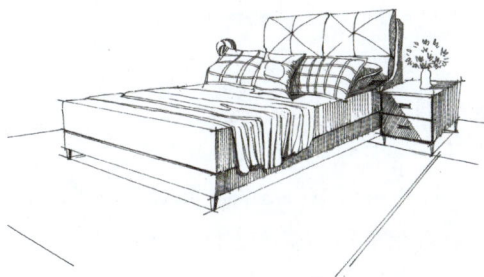

图5-81

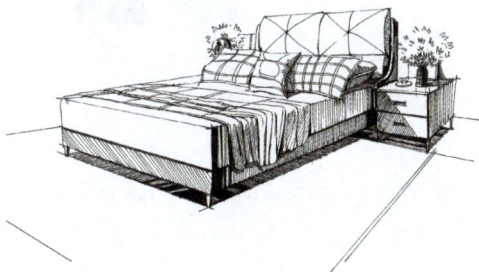

图5-82

图5-83

（7）运用马克笔为床垫、床单及室内绿色植物等上色，丰富画面的色彩层次，如图5-84所示。

（8）在表现床体的明暗转折时，使用颜色较深的马克笔，并注意马克笔的笔触过渡，使画面更加自然、和谐，如图5-85所示。

（9）为了增强画面的柔和感，使用彩铅进行色阶过渡，使画面过渡得更加自然、流畅，如图5-86所示。

（10）利用高光笔绘制出画面的高光部分，增强画面的视觉冲击力，使整体效果更加出色，如图5-87所示。

图5-84

图5-85

图5-86

图5-87

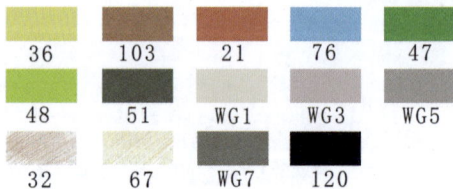

床体组合表现

5.4.2　床体组合表现

床体组合主要以酒店标间双人床为绘画对象，并依托简单的室内空间进行手绘表现。本案例的主要用色如图5-88所示。

（1）运用铅笔勾勒出床体及室内其他配套家具和陈设物品的整体结构，注意透视关系的准确表现，为后续的刻画打下基础，如图5-89所示。

（2）确定主体床的位置，以其为基准，使用签字笔流畅地勾勒出床体的轮廓结构，为后续绘制提供参考，如图5-90所示。

36	103	21	76	47
48	51	WG1	WG3	WG5
32	67	WG7	120	

图5-88

（3）绘制出床头的装饰物及床头柜等的结构，注意与床体相协调与呼应，如图5-91所示。

（4）完善背景墙、前景地面铺装、地毯以及沙发等的轮廓结构，使画面整体布局更加完整，如图5-92所示。

（5）为了增强画面的立体感，加强明暗对比，突出地毯的固有色，完善其他细节，使画面内容更加丰富饱满，如图5-93所示。

（6）使用马克笔绘制出绿色植物、沙发、床垫等的基础色调，展现不同材质的质感与特点，如图5-94所示。

（7）运用暖灰色的马克笔，快速绘制背景墙的基础色调，并加深绿色植物的固有色，完善其他细节，增强画面的色彩层次感，如图5-95所示。

（8）为强化画面的明暗对比，加深地毯、背景挂画、背景墙及绿色植物等的色调，使画面更加鲜明、具有活力，如图5-96所示。

（9）利用彩铅进行色阶过渡处理，使色彩过渡得自然、和谐，并用高光笔绘制出画面的高光部分，增强画面的视觉冲击力，如图5-97所示。

（10）使用黑色和深灰色的马克笔对画面中的深色调进行调整，使整体色调更和谐统一，完成画面的上色，如图5-98所示。

图5-89

图5-90

图5-91

图5-92

图5-93

图5-94

图5-95

图5-96

图5-97

图5-98

5.5 室内家居陈设——灯具

5.5.1 灯具

灯具

1. 灯具概述

灯具作为室内照明的关键，形态多样，各具特色，包括吊灯、筒灯、射灯和台灯等类型，如图5-99所示。在手绘时，需关注其形状、结构和材质，如图5-100所示。灯罩、灯座和灯杆的多种组合方式展现了灯具的多种风格，光源则影响灯具的照明效果，而金属、玻璃和木材等材质则赋予灯具不同的质感。手绘时，应体现这些特点，通过线条和色彩表现灯具的美感，为室内空间增添魅力。

图5-99

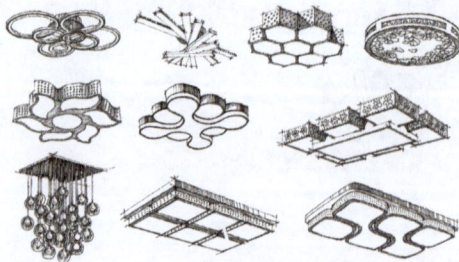

图5-100

2. 灯具的表现

灯具表现的核心在于精准捕捉灯具的造型特色以及光线的冷暖效果。本案例将绘制一款现代化灯具，主要用色如图5-101所示。

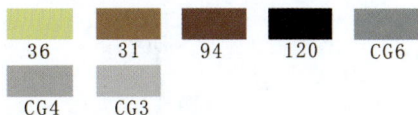
图5-101

（1）使用铅笔确定灯具整体比例及位置，确保构图准确，如图5-102所示。

（2）再次使用铅笔细致地勾勒出灯具的具体结构，包括每一个细节部分，如图5-103所示。

（3）使用签字笔绘制出灯具的结构架，特别注意结构架的前后穿插关系以及透视效果，确保立体感和空间感得以准确呈现，如图5-104所示。

（4）使用签字笔绘制出圆形灯泡的轮廓，进一步完善灯具的整体结构，如图5-105所示。

图5-102

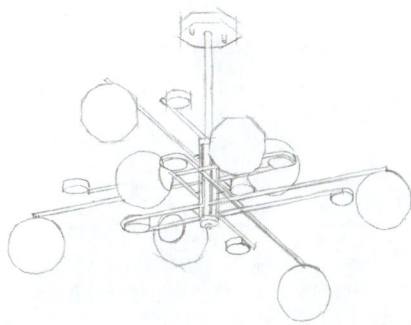
图5-103

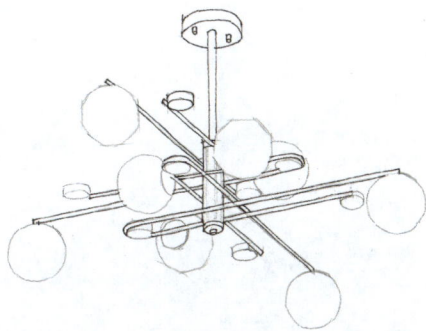
图5-104

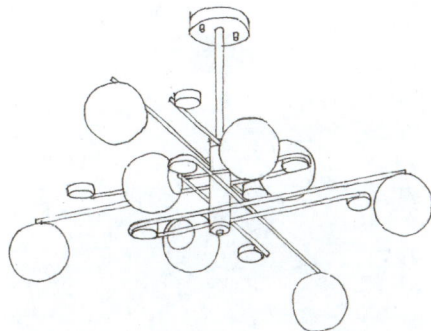
图5-105

（5）用排线表现金属结构架的明暗层次，巧妙地表现出画面的明暗关系，使画面更具立体感和层次感，如图5-106所示。

（6）使用冷灰色整体绘制背景色调，为后续的灯光表现打下基础，如图5-107所示。

（7）为了提升金属结构的质感，选用深灰色加深其固有色，从而进一步强化画面的明暗对比，使金属结构架更加醒目，如图5-108所示。

（8）使用马克笔精准地表现出结构架上圆柱体的金属色调，突出其独特的材质特性，如图5-109所示。

（9）为了营造温馨的氛围，使用马克笔表现灯光的暖色调，与背景的冷色调形成鲜明的对比，使画面更加生动和引人入胜，如图5-110所示。

（10）使用高光笔表现灯泡的高光及反光，使画面更生动、逼真，如图5-111所示。

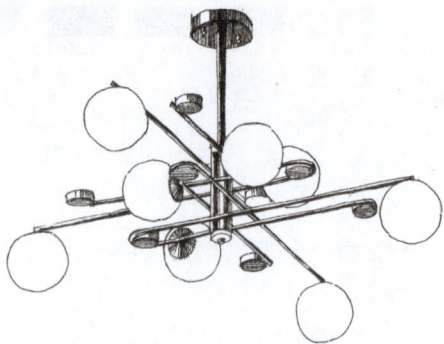

图5-106

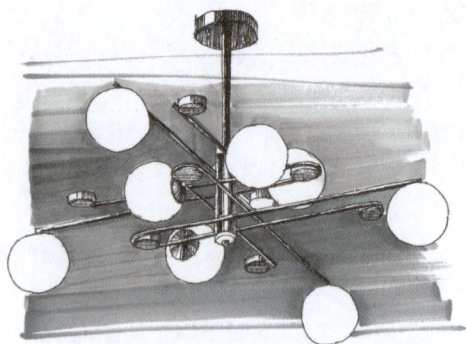

图5-107

图5-108

图5-109

图5-110

图5-111

5.5.2　灯具组合表现

在灯具组合表现案例中，大型豪华吊灯是核心表现对象。这些吊灯设计独特、造型优雅，常见于酒店大堂、商务会所等商业空间。它们集照明与装饰于一体，是展现空间品位的关键元素。本案例的主要用色如图5-112所示。

（1）运用铅笔初步勾勒出3种灯具的基本形态，确保整体造型的准确性和协调性，如图5-113所示。

灯具组合表现

36	31	112	94	120
CG4	CG6	CG9		

图5-112

（2）使用铅笔进一步细化灯具的造型，精准地勾勒出每个灯具的具体轮廓与结构细节，如图5-114所示。

（3）调整灯具的具体造型，线条应轻盈流畅，确保整体造型的协调与平衡，如图5-115所示。

（4）运用马克笔为吊灯的顶座、灯杆上色，并绘制出局部结构材质的色调，使灯具呈现出立体感和质感，如图5-116所示。

（5）使用冷灰色的马克笔将灯光区域整体加深，作为灯光的底色，为后续的灯光绘制打下基础，如图5-117所示。

（6）加强吊灯顶座及灯杆的暗部色调，注意笔触的过渡与衔接，确保颜色层次丰富且自然，同时避免覆盖过多的底色，如图5-118所示。

（7）为了增强画面的对比度和层次感，进一步加深灯光区域的色调，并突出吊灯顶座、灯杆的固有色，使灯具在画面中更加突出，如图5-119所示。

（8）使用高光笔巧妙地表现出吊灯的光影效果，使画面更生动、自然，如图5-120所示。

（9）完善吊灯的细节，使用高光笔画出灯杆区域垂直的灯管及吊杆上的高光，使吊灯更加立体，如图5-121所示。

（10）使用黄色的丙烯马克笔画出暖色调的光影，营造出温馨、舒适的氛围，如图5-122所示。

图5-113

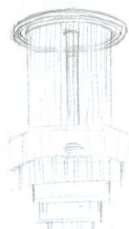

图5-114

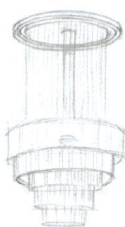

图5-115

图5-116

图5-117

图5-118

图5-119

图5-120

图5-121

图5-122

5.6 室内家居陈设——办公家具

5.6.1 办公家具

办公家具

1. 办公家具概述

办公家具是专为办公环境设计的，强调功能性与美观性的完美融合，如图5-123所示。在绘制办公家具时，需精准展现其功能性特点，如储物功能和调节功能等，凸显其简约、实用的设计理念，如图5-124所示。同时，需精细刻画办公家具材质的纹理和色泽，以展现其质感和美感，从而打造舒适且高效的办公环境。

图5-123

图5-124

2. 办公家具的表现

本案例将绘制一套现代办公桌椅，用简洁的几何造型展现其魅力。这套桌椅不仅美观实用，还能提高工作舒适度与效率，让办公空间焕然一新。本案例的主要用色如图5-125所示。

112	97	BG1	WG5	WG8
BG3	120	94	CG4	CG6

图5-125

（1）用铅笔轻轻勾勒出办公桌椅的轮廓，擦除多余的线条，保持画面清晰，如图5-126所示。

（2）换用签字笔，细致勾勒办公桌、笔记本计算机、图书和台灯等的结构，如图5-127所示。

（3）绘制出储物柜的结构，并描绘出办公桌的投影轮廓，如图5-128所示。

（4）完善椅子造型与投影，确保画面和谐统一，如图5-129所示。

（5）利用疏密有致的线条，强化办公家具的明暗对比，使画面更具层次感，如图5-130所示。

（6）使用马克笔绘制木质的办公桌等，注意笔触过渡应自然流畅，如图5-131所示。

（7）使用冷灰色填充投影和储物柜柜体，完善其他细节，如图5-132所示。

（8）用较深的暖灰色马克笔为办公座椅上色，完成底色的绘制，如图5-133所示。

（9）用深灰色加强投影暗部，进一步凸显明暗对比，如图5-134所示。

（10）用黑色马克笔微调办公座椅的明暗交界处，用较深的冷灰色深化投影的暗部层次，使用高光笔绘制出画面中的高光，使画面更加完美，如图5-135所示。

图5-126　　　　　　　　　　　　　图5-127

图5-128　　　　　　　　　　　　　图5-129

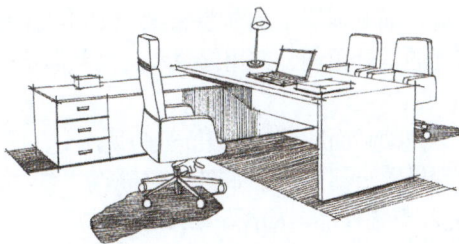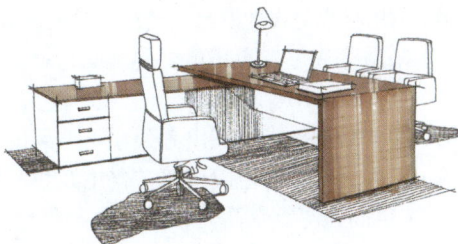

图5-130　　　　　　　　　　　　　图5-131

图5-132

图5-133

图5-134

图5-135

5.6.2 办公家具组合表现

办公家具组合
表现

办公家具组合表现案例以办公桌椅、沙发及书架等核心元素为主，既凸显现代化办公室设计的新颖与高效，又营造出生活化的办公氛围。本案例的主要用色如图5-136所示。

（1）使用铅笔巧妙布局，勾勒出办公室家具与整体空间的轮廓，如图5-137所示。

（2）依据铅笔稿，使用签字笔精细描绘前景办公桌的结构、储物柜中的物品，以及桌面上的计算机与笔筒等，如图5-138所示。

（3）绘制背景，细致刻画书架、书本及吊灯等，如图5-139所示。

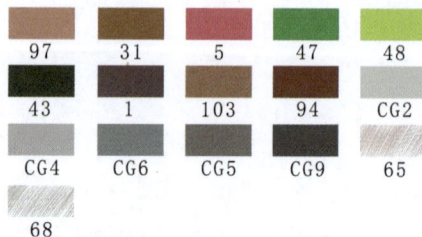

图5-136

（4）完善背景，绘制墙面挂画、沙发、窗户及窗帘等，如图5-140所示。

（5）利用疏密有致的线条表现办公家具的投影，并使用黑色马克笔强化明暗转折，如图5-141所示。

（6）运用马克笔表现办公桌与沙发等的基础色调，并精细刻画茶几上的花卉，如图5-142所示。

（7）采用冷灰色与暖灰色表现地面、墙面及窗帘等的基础色调，并用绿色系马克笔描绘窗外的乔木，如图5-143所示。

（8）加深暗部投影，突出办公桌与书架的固有色，完善画面细节，如图5-144所示。

（9）使用彩铅进行色阶过渡，再用黑色马克笔丰富投影暗部层次，如图5-145所示。

（10）用高光笔绘制高光，增强画面明暗对比，完成整幅作品，如图5-146所示。

图5-137

图5-138

图5-139

图5-140

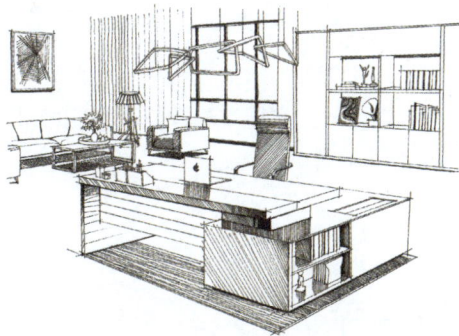

图5-141

图5-142

图5-143

图5-144

图5-145　　　　　　　　　　　　　　　　　　图5-146

5.7　室内陈设的表现注意要点

在室内设计效果图中，室内陈设的展现应涵盖四大核心方面。首先，要熟练掌握家具图例的绘制方法和技巧，这是构建室内空间布局的基础。其次，注重形体表现，无论是自然形态还是人工形态，都应提炼其几何要素，简化复杂形体，便于更好地掌握。同时，正确的透视关系是确保空间造型准确呈现的关键。再次，质感的表现不可忽视，需根据不同的材质，如金属、石材等，采用相应的表现手法。最后，灯光作为室内设计的点睛之笔，能提升空间品质，营造独特氛围。光源主要分为自然光源和人工光源两类，绘制时应以某一光源为主，以其他光源为辅，共同营造空间氛围。

5.7.1　练习各式各样的家具图例

练习各式各样的家具图例，感受空间美学。通过不断练习，掌握家具在整体空间中的布局与搭配，为室内设计注入更多的创意与活力。

椅子线稿成品图例如图5-147所示。

图5-147

椅子色稿成品图例如图5-148所示。

图5-148

室内盆栽植物线稿成品图例如图5-149所示。

图5-149

室内盆栽植物色稿成品图例如图5-150所示。

图5-150

装饰挂画线稿成品图例如图5-151所示。

图5-151

装饰挂画色稿成品图例如图5-152所示。

图5-152

灯具线稿成品图例如图5-153所示。

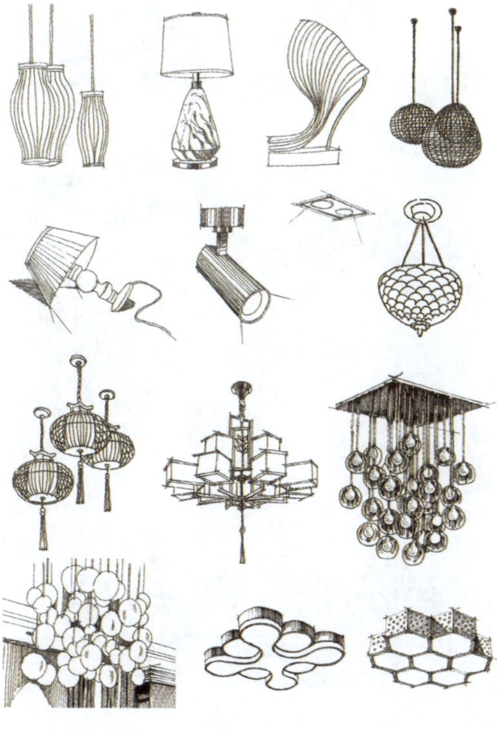

图5-153

灯具色稿成品图例如图5-154所示。

图5-154

厨房用具线稿成品图例如图5-155所示。

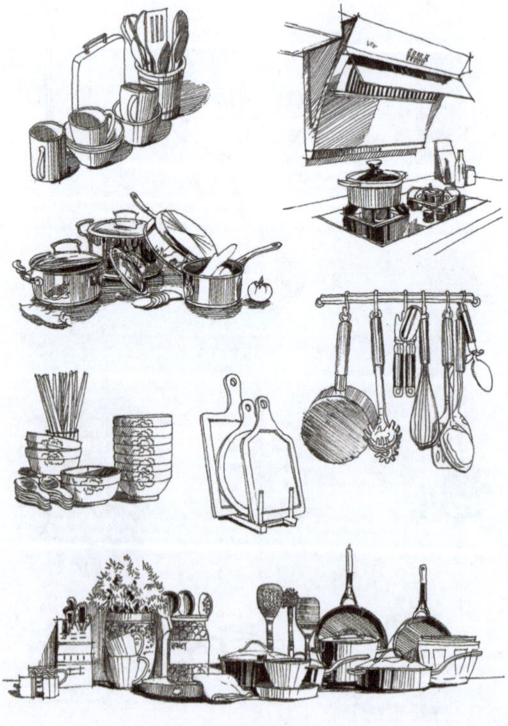

图5-155

厨房用具色稿成品图例如图5-156所示。

图5-156

卫生间用具线稿成品图例如图5-157所示。

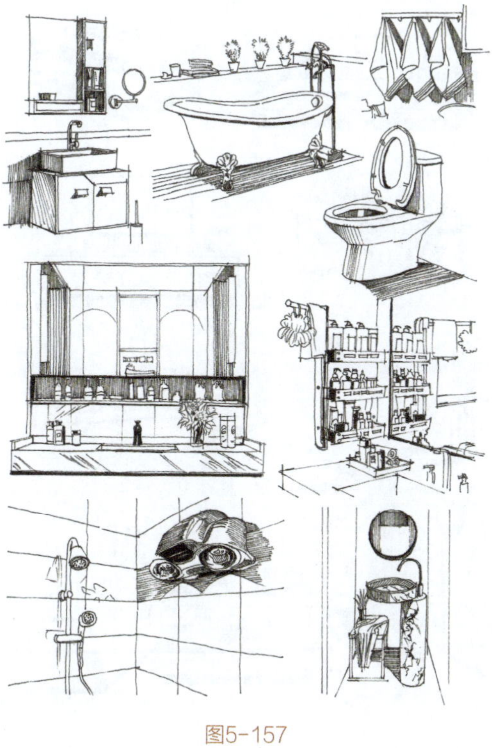

图5-157

卫生间用具色稿成品图例如图5-158所示。

图5-158

客厅家具线稿成品图例如图5-159所示。

图5-159

客厅家具色稿成品图例如图5-160所示。

图5-160

卧室家具线稿成品图例如图5-161所示。

图5-161

卧室家具色稿成品图例如图5-162所示。

图5-162

5.7.2　形体表现

室内陈设中，形体是表达空间情感与个性的关键。合理的形体表现，为室内空间注入了生命力与魅力，便于设计师创造出美观与实用并存的居住环境，表现形体的步骤如下。

（1）将室内空间中家具的形体概括地描绘为几何形式，如图5-163所示。

（2）对室内家居陈设进行刻画与塑造，如图5-164所示。

（3）合理运用多种上色工具为线稿上色。室内家居陈设的色稿展示如图5-165所示。

图5-163

图5-164

图5-165

5.7.3 质感的表现

在室内设计中,物品的质感表现始终是设计的核心,每件物品都有其独特的质感。设计师需精心挑选并合理表现不同的材质,以增强空间的层次感。下面提供了质感表现的5个实例,帮助读者更好地感受室内空间质感的表现。

(1)抛光砖材质的处理效果如图5-166所示。
(2)纱帘材质的处理效果如图5-167所示。
(3)地毯材质的处理效果如图5-168所示。
(4)木地板材质的处理效果如图5-169所示。
(5)镜面材质的处理效果如图5-170所示。

图5-166

图5-167

图5-168

图5-169

图5-170

5.7.4 灯光的表现

　　灯光不仅可以用于照明，还能营造氛围。设计师运用巧妙的灯光设计，可让室内空间更有层次感和立体感。常见的照明方式主要有：直接照明、间接照明、漫射照明、光洗墙技术、重点照明等。

　　（1）直接照明不宜过亮，以防产生"硬"阴影，造成视觉疲劳。同时，应避免将直接照明的光源置于镜子、玻璃等易产生眩光或反射的表面附近，如图5-171所示。

　　（2）间接照明主要通过物体表面的反射，将光线柔和地散布至整个空间，以营造温馨的氛围，尤其适用于卧室等需要舒适照明的场所，如图5-172所示。

　　（3）漫射照明通过巧妙运用灯具来有效控制眩光，使光线均匀地向四周扩散。其实现方式有两种：一种是使通过灯罩口的光线经平顶反射，从透明灯罩两侧和下部格栅扩散；另一种是利用半透明灯罩将光线全部封闭，实现全面漫射，这种照明方式光线柔和，可给人带来舒适的视觉体验，尤其适用于卧室等需要营造温馨氛围的场所，如图5-173所示。

　　（4）光洗墙技术巧妙运用一系列照明点或LED灯带，在墙面或特定表面上创造出均匀柔和的"洗光"效果。这种照明方式不仅能突出物体的立体感，还能提升室内整体亮度，是营造舒适氛围和突出空间特色的理想选择，如图5-174所示。

　　（5）重点照明光源，如射灯，用来突出特定对象（如绘画作品、雕塑作品或特色背景墙），通常位于这些对象的上方。它广泛应用于住宅、商业空间及博物馆，以强调和凸显重要元素，如图5-175所示。

图5-171

图5-172

图5-173

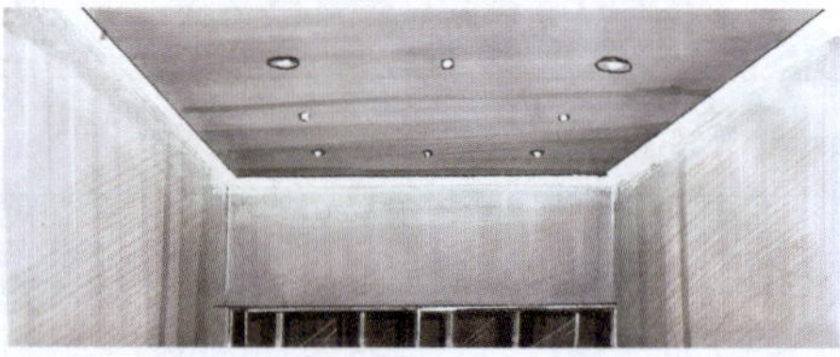

图5-174

图5-175

5.8 本章小结

在本章中，我们学习了室内家具的各种表现形式，如沙发、椅子、桌子、床体、灯具等。通过了解它们的概念和表现形式，我们可以更好地掌握室内家具的设计要点。此外，本章还强调了室内陈设表现的注意要点，这些要点可以帮助我们更好地表现家具的形态、质感和室内空间的灯光效果。因此，掌握这些要点对于提高室内设计水平至关重要。

5.9 课后实战练习

5.9.1 动手实践：掌握不同室内陈设的表现技巧

实践是检验真理的唯一标准，手绘在室内陈设设计中具有关键作用。手绘能帮助观者直观理解空间、材料和灯光效果，提升对细节的把控，设计师应尝试各种陈设组合，找到最佳方案。手绘的线条和色彩搭配充满魅力，是设计师探索室内陈设无限可能的有力助手。下面提供一些室内陈设线稿作品，可作为读者进行上色训练的参考。

5.9.2　深入探索：尝试现场写生与照片写生

　　在室内设计手绘中，现场写生和照片写生是非常重要的技能。现场写生可以让我们更直观地感受空间的氛围和观察空间的细节，而照片写生则可以随时回顾，帮助我们保持对空间的记忆。两种写生方式都是我们与空间深度互动的方式，有助于我们更好地理解和表现空间之美。尝试这两种方式，可以激发我们的设计灵感。

第 6 章

室内设计效果图
综合案例表现

本章概述

室内设计效果图的绘制是室内设计师必须掌握的技能，也是凸显设计师设计理念最直观的一种形式。本章以室内家居空间为主，商业空间为辅，将室内餐厅、客厅、卫生间、卧室等家居空间案例作为主线，将商业酒店大堂、会所室内空间作为补充。除此以外，室内空间还有很多类型，这里不再详述，读者可自行了解。

6.1　室内餐厅空间效果图综合表现

6.1.1　餐厅概述

1. 餐厅的概念

餐厅是指在一定场所，公开地对大众提供餐饮的空间，如餐馆（见图6-1）、家居餐厅（见图6-2）、酒店餐厅（见图6-3）等，家居餐厅一般会与厨房或客厅相连，如图6-4所示。

餐厅概述

图6-1　　　　　图6-2　　　　　图6-3　　　　　图6-4

2. 餐厅的分类

餐厅总体上可以按功能与形式分为两大类。

（1）按照功能可分为宴会厅、风味餐厅、零点餐厅、歌舞餐厅、西餐厅、扒房（见图6-5）、自助餐厅、花园餐厅、旋转餐厅（见图6-6）、快餐厅和团体餐厅等。

（2）根据形式可分为独立式餐厅和共用式餐厅。

独立式餐厅是单独的一个空间（见图6-7），一般认为这是最理想的格局，便捷卫生、安静舒适，功能完善，适用于面积较大的住宅。

共用式餐厅又分为两种情况：一种是餐厅与厨房共用（见图6-8），另一种是餐厅与客厅共用。根据房屋的空间结构进行选择。

图6-5　　　　　图6-6　　　　　图6-7　　　　　图6-8

6.1.2　餐厅效果图

本小节的餐厅以暖色调为主。手绘效果图时，需做到色彩表现的取舍与留白，注重色彩的冷暖与明暗关系。对室内墙面的明暗关系进行处理时，要注意灯光应柔和、温馨，而镜面反光也不能忽视，它能从视觉上增强画面的空间感。

实景参考图如图6-9所示。主要用色如图6-10所示。

餐厅效果图

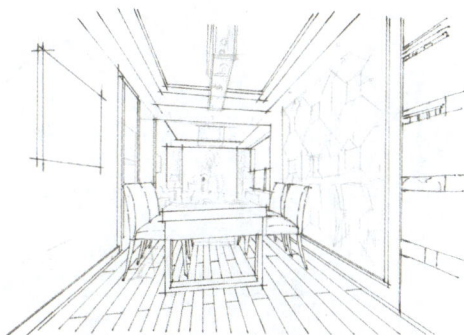

图6-9

图6-10

橘红色粉			蓝灰色粉	
409	30	476	65	32
415	451	169	17	89
CG1	WG1	BG1	WG3	WG7
47	175	97	91	120

餐厅手绘效果图如图6-11所示。

（1）运用铅笔打底稿，整体绘制出餐厅空间的布局与陈设，如餐桌、椅子等，确定吊顶与吊灯的透视关系以及地面材质与立面墙体的结构，线条要轻盈、简洁，以便后续擦拭修改，如图6-12所示。

图6-11

图6-12

（2）换用签字笔，根据底稿，运用硬直线表现整体空间的透视关系，并绘制出前景的防腐木地面等，确定好餐桌与椅子的造型，如图6-13所示。

（3）统一画面节奏，细致表现书架、吊灯、射灯、桌面餐具以及镜面等的结构，线条要干净利落，并绘制出远景的窗帘、电视机、台灯等，如图6-14所示。

图6-13

图6-14

（4）塑造画面的明暗光影，绘制出餐桌的材质纹理，排线方向统一，然后绘制餐桌与椅子的投影等，并刻画出镜面反射内容，将前景的墙面局部加深，如图6-15所示。

（5）在线稿调整阶段，通过排线加深墙面背光面、书架以及镜面反射暗部，完善其他细节，注意疏密变化。吊顶结构的内轮廓可以用美工笔绘制宽线条加深，让画面视觉冲击力更强，如图6-16所示。

图6-15

图6-16

（6）运用彩铅和马克笔整体绘制出餐厅空间的亮色，并初步确定餐桌的色彩基调，如图6-17所示。

（7）突出固有色，运用彩铅和马克笔绘制出玻璃窗、墙面、吊灯、椅子及镜面反射等的基础色调，统一画面节奏，如图6-18所示。

图6-17

图6-18

（8）塑造明暗关系，强化明暗转折，使明暗对比更强烈，完成餐具、墙面装饰画、花卉与植物等物体固有色的表现，同时注意局部留白，如图6-19所示。

（9）用彩铅进行过渡处理，线条叠加次数不宜过多，否则容易出现油腻的感觉，排线间距要适中。注意表现远景天花板吊顶和前景天花板吊顶等的冷暖关系，如图6-20所示。

（10）整体调整画面的光影与冷暖关系，用黑色和暖灰色的马克笔加强暗部色调，完善画面的细节，让画面整体色调偏暖，如图6-21所示。

图6-19

图6-20

图6-21

技巧提示

　　绘制室内家居餐厅效果图时，要注意以下3个处理技巧。

　　① 一点斜透视（微角透视）的特点是透视基面向消失侧点变化消失。画面中除消失中心点外，还有一个消失侧点（画面外的另一个消失点），所有垂直线与画面垂直，水平线向消失侧点消失，纵深线向消失中心点消失。一点斜透视是介于一点透视和两点透视之间的一种透视关系，如图6-22所示，建议将视平线定于画面的1/3或者1/2处，如图6-23所示。视平线越高，透视效果越强，绘画难度越大。

　　② 镜面反射表现的色调要与实际物体色调一致，适当添加灰色，以表现物体质感，如图6-24所示。

　　③ 墙面背光面的彩铅与马克笔的叠加要注意不能太过度，光晕的处理可以用彩铅或者色粉来完成，确保自然即可，如图6-25所示。

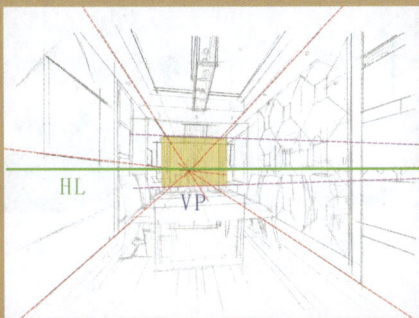

图6-22

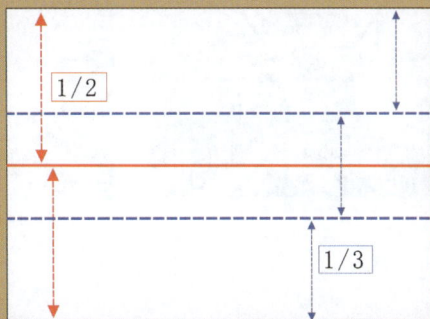

图6-23

图6-24

图6-25

6.2 室内客厅空间效果图综合表现

6.2.1 客厅概述

　　客厅是居住者会客的地方，也是房屋的重要空间。客厅的摆设、颜色都能反映居住者的性格、偏好、特点、眼光、个性等。客厅宜用暖色（见图6-26）和浅色（见图6-27），不仅能营造温馨舒适的氛围，还能缓解客人奔波的疲劳之感，使其心情愉悦。如图6-28所示，选择此类风格客厅的房屋主人，往往对传统文化与艺术有一定追求。

图6-26

图6-27

图6-28

　　客厅的装修风格多种多样，大体可以概括为现代中式风格（见图6-29）、简约风格（见图6-30）、简欧式风格（见图6-31）、地中海风格（见图6-32）、东南亚风格（见图6-33）、乡村田园风格（见图6-34）等。

图6-29

图6-30

图6-31

图6-32

图6-33

图6-34

6.2.2　客厅效果图

客厅效果图

本小节将简欧式风格的客厅作为表现对象，在绘制这类效果图时，对线稿造型的要求相对较高，装饰线条繁多，如墙体以及各种家居陈设的棱角线。绘制时，应先观察清楚结构再动笔。

实景参考图如图6-35所示。主要用色如图6-36所示。

图6-35

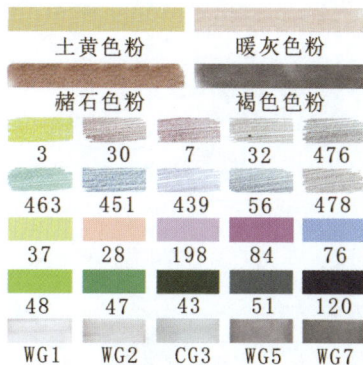

图6-36

客厅手绘效果图如图6-37所示。

（1）找准消失点，绘制出客厅空间的透视关系。绘制底稿时，只需勾勒出家居陈设的大体造型和位置，线条要轻盈、简洁，便于后续修改，如图6-38所示。

图6-37

图6-38

（2）用签字笔定稿时，应仔细观察并修改铅笔底稿中不准确的透视线。绘制出主要的透视线，将沙发和电视柜等的位置确定好，为后续的绘制打下坚实基础，如图6-39所示。

（3）绘制出天花板、电视背景墙以及沙发背景墙的透视造型，同时细致描绘墙体棱角线，进一步确定家居陈设的空间位置，如图6-40所示。

（4）统一画面节奏，将客厅整体空间的透视关系绘制完成，尤其是吊顶灯要注意表现近大远小的透视规律。同时，初步确定画面的明暗转折关系，暗部排线应统一方向，通过排线的疏密变化丰富暗部层次，完善画面细节，如图6-41所示。

（5）整体调整画面，完善墙体装饰花纹等细节，局部加强画面暗部的层次感，并处理好近景、中景、远景的刻画，如图6-42所示。

图6-39

图6-40

图6-41

图6-42

（6）用色粉初步奠定画面的色彩基调，用色粉上色时可以先用铅笔刀刮出粉末，再用卫生纸揉擦；用马克笔绘制出灯罩的颜色，以及室内植物亮面和暗面的色调，并添加其他细节，如图6-43所示。

（7）用马克笔绘制出家具投影、地面反光以及靠枕等的固有色，完善画面内容，如图6-44所示。

图6-43

图6-44

（8）调整画面的明暗关系，用较深的暖灰色马克笔丰富画面的暗部层次以及突出明暗转折，统一画面节奏，完善画面中各物体的色彩，如图6-45所示。

（9）完善画面，运用彩铅对画面整体进行过渡处理，强化光晕的色调，用黑色马克笔加深地面瓷砖的分线以及电视机的颜色，如图6-46所示。

图6-45

图6-46

（10）运用白色色粉和土黄色彩铅进一步调整光影效果，并使用黑色和较深的暖灰色马克笔调整画面，塑造明暗关系与质感，使画面明暗对比更强烈，过渡更自然，如图6-47所示。

图6-47

技巧提示

　　绘制简欧式风格的客厅时，要注意以下3点。

　　① 需注意局部结构与透视关系的处理，尤其是沙发、墙体转折线等的绘制，如图6-48所示。

　　② 色粉与马克笔叠加时，色粉颜色不宜过深，擦拭次数不宜过多，防止叠加后给人一种脏腻和杂乱的感觉，如图6-49所示。

　　③ 对暗部进行处理时，不能为了强化明暗关系而简单地将暗部涂黑，如图6-50所示。

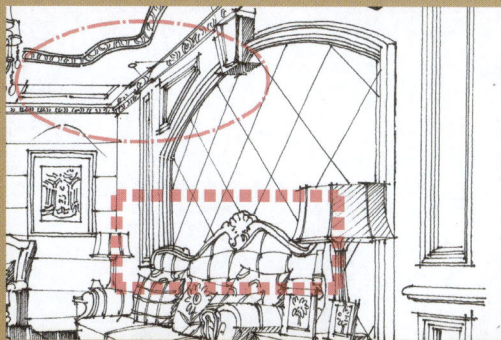

图6-48

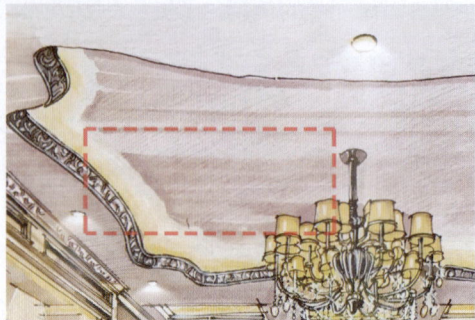

图6-49

图6-50

6.3 卫生间空间效果图综合表现

6.3.1 卫生间概述

卫生间概述

　　卫生间的功能性比较强，不仅要满足日常的洗漱功能，还要体现屋主的生活品位。普通住宅卫生间的面积一般在$3.5m^2 \sim 6m^2$，当卫生间的面积没有达到要求时，可以合理设计卫生间使其满足基本的功能需求。基本的卫生间，应具备如厕、洗漱、沐浴，以及洗漱用品的贮藏等功能，如图6-51所示。

　　如今的卫生间设计以独具特色的现代格调影响着人们的视觉感受和居住体验，受到越来越多年轻人的青睐，如图6-52所示。

图6-51

图6-52

　　卫生间色调统一，在视觉上有扩大空间的作用，且整体呈现出干净整洁的效果。镜子在卫生间中是必不可少的，不仅具有实用性，而且能够扩大视觉空间，如图6-53和图6-54所示。

图6-53

图6-54

卫生间的设计注意事项如下。

（1）考虑盥洗、沐浴、如厕3种功能。

（2）考虑采光、通风效果，电线和电气设备的选用要符合相关规定。

（3）地面材料应防水、耐脏、防滑。

（4）墙面采用光洁素雅的瓷砖。

（5）浴具应具备冷热水龙头，宜用活动隔断分隔出浴缸空间或淋浴空间。

（6）地面应向排水口倾斜。

（7）洁具的选用与整体布置应统一、协调。

卫生间效果图

6.3.2 卫生间效果图

本小节以极简主义风格的住宅卫生间为例，在绘制时，要考虑整个空间的透视关系以及灰色调的表现，而地面和墙面则概括表现即可，可以采用偏暖色调的光源，画面的视觉效果会更好。

实景参考图如图6-55所示。手绘配色如图6-56所示。

图6-55

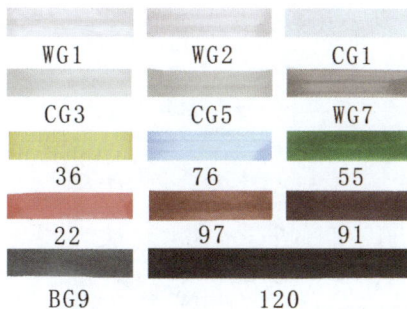

图6-56

卫生间手绘效果图如图6-57所示。

（1）使用铅笔打底稿，将卫生间的布局整体绘制出来，线条要干净利落，保持画面整洁，如图6-58所示。

图6-57

图6-58

（2）使用签字笔绘制出墙体和地面的主要透视线，绘制出前景洗漱台的结构、墙面铺装以及顶面的射灯等，如图6-59所示。

（3）细化卫生间的整体布局，将马桶、浴缸等主要用具绘制出来，如图6-60所示。

图6-59

图6-60

（4）绘制镜子的结构，将镜子和浴缸周围的洗漱用具、植物花卉等绘制出来，统一画面节奏，如图6-61所示。

（5）通过排线整体调整画面的明暗关系，如图6-62所示。

图6-61

图6-62

（6）运用浅灰色的马克笔绘制出卫生间的基础色调，注意适当留白，可以适当添加一些暖色，表示灯光，并绘制出花卉的颜色，再添加一些细节，如图6-63所示。

（7）运用冷灰色完善墙面，并用暖灰色表现出镜面反光效果，完善画面内容，如图6-64所示。

图6-63

图6-64

（8）运用较深的暖灰色强化地面铺装的色调，并表现出镜框、画框以及地面铺装分隔处的深色调，细化浴室玻璃等的颜色，如图6-65所示。

（9）加强画面的明暗交界线，塑造画面光感，注意画面色调的过渡，用深色调加强时，不要覆盖全部的浅色调，如图6-66所示。

图6-65

图6-66

（10）运用高光笔绘制出画面高光，然后使用丙烯颜料（赭石）修正地面分隔线的颜色，并进一步塑造暖光效果，如图6-67所示。

图6-67

技巧提示

　　绘制本案例的卫生间效果图时，需要注意以下3个方面。

　　① 绘制难点在于把握画面的整体透视关系，采用一点斜透视作图方法，透视基面向消失侧点变化消失，画面中除消失中心点（VP_1）外还有一个消失侧点（VP_2）。所有垂直线与画面垂直，水平线向消失侧点消失，纵深线向消失中心点消失，如图6-68所示。

　　② 重点在于将画面整体构图补充完整，让构图更加合理，起到扩宽空间的作用，如图6-69所示。

　　③ 特别要注意局部透视的处理，离消失点越近的物体透视效果越强，有时候为了达到理想的效果，可以适当调整透视关系，如可以适当修改前景洗漱台的透视关系，给人带来更加舒适的视觉体验，如图6-70所示。

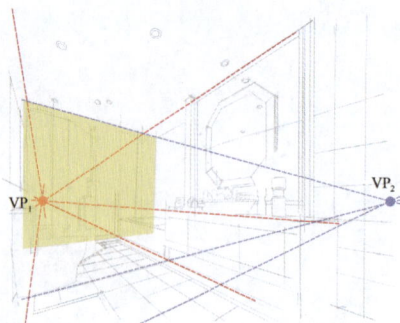

图6-68   图6-69

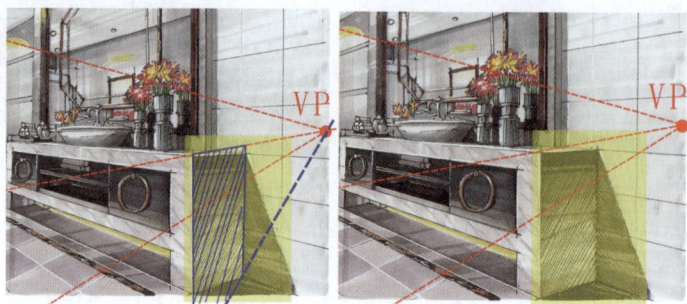

图6-70

6.4   卧室空间效果图综合表现

6.4.1   卧室概述

卧室概述

　　对家居设计而言，卧室设计是十分重要的一环，卧室作为休息的地方，除了提供有利于睡眠的柔和光源外，更重要的是使用灯光来缓解白天的压力，所以卧室夜间照明以温暖、柔和的灯光为主（见图6-71）。卧室一般是人们一天中待的时间最长的空间，也是人们最关心的空间，所以卧室一定要精心设计与打造，如图6-72所示。

　　很多人都喜欢保持卧室的简洁，以保证更好地思考和睡眠，虽然简约风格的卧室有时会显得寒冷和空荡荡，但是经过精心设计，这类风格的卧室会变得相当温暖和迷人，如图6-73所示。

图6-71   图6-72   图6-73

卧室设计的重点主要从材料选择、照明设计、色彩设计以及摆设布局4个方面考虑。

1. 材料选择

（1）卧室应采用吸音、隔音的装修材料。触感柔软的布贴，可以保温和吸音的地毯是卧室装修材料的理想选择（见图6-74）。大理石、花岗岩等较冷硬的材料不适合卧室使用。

（2）应采用半透明的窗纱或双花边的窗帘，它们具有良好的遮光、隔热、保温、隔音性能。

（3）如果卧室里有浴室，要考虑地毯和木质地板怕潮湿的特点。因此，卧室的地板应该略高于浴室；或者在卧室和浴室之间用大理石、地砖做一道门槛，达到防潮的目的。

2. 照明设计

卧室照明可分为天花板灯、床头灯和夜灯，用来在不同情况下照亮整个房间。天花板灯应安装在打开后光线不会刺眼的位置，床头灯能使室内变得柔和、充满浪漫气氛，夜灯投下的阴影可使室内空间看起来更宽敞，如图6-75所示。

3. 色彩设计

卧室应避免采用刺激性的色彩，一般选用暖色调、柔和的中间色，如乳白色、粉红色等，如图6-76所示。

4. 摆设布局

（1）在卧室中，有一张温馨的床至关重要。有人说人们在床上度过的时间占了一生的1/3，睡眠需求和舒适度一直受到人们的重视，而床的布局直接影响到人们的睡眠状况。建议将床靠墙角放置，床头贴着墙壁，如图6-77所示。

（2）家具与床一般应至少相距70cm，便于走动。另外，家居陈设应尽量简洁、实用。

图6-74

图6-75

图6-76

图6-77

6.4.2　卧室效果图

接下来以简欧式风格的卧室作为效果图表现案例，绘制时要注意卧室内家具的造型、墙体棱角线等，多观察再动笔，地毯可以概括表现。

卧室效果图

实景参考图如图6-78所示。主要用色如图6-79所示。

图6-78

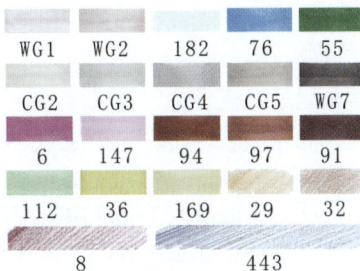
图6-79

卧室手绘效果图如图6-80所示。

（1）使用铅笔表现出卧室空间的透视关系与家具等的造型，可适当借助直尺绘画，让画面透视关系表现得更加准确，如图6-81所示。

图6-80

图6-81

（2）根据铅笔底稿，用签字笔绘制出室内主体——床，并对床及周围物体进行进一步刻画，以此作为后续绘画的参照物，如图6-82所示。

（3）根据参照物床，表现出地毯的透视关系，同时绘制出床头柜、灯、椅子等的造型，并初步确定床头背景墙的位置和范围，如图6-83所示。

图6-82

图6-83

（4）统一画面节奏，细致表现吊灯、窗帘等，概括性地表现地毯，并进一步通过排线表现出卧室地面等的明暗层次，如图6-84所示。

（5）整体调整画面，刻画线稿细节，用排线调整画面的明暗过渡效果，如图6-85所示。

（6）运用暖灰色马克笔表现出背景墙等的基础色调，并用黄色马克笔表现出灯光和地面的亮色，为整体画面奠定色彩基调，如图6-86所示。

（7）用蓝色马克笔表现出窗帘和床尾凳的基础色调，并丰富地毯的颜色，完善其他细节，如图6-87所示。

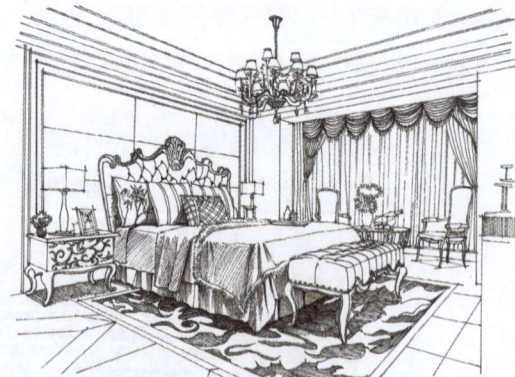

图6-84

（8）使用较深的暖灰色整体调整卧室的墙面和地面的色调，进一步丰富画面内容，如图6-88所示。

（9）初步调整卧室光影、花卉等小物件的色调，着重表现地面铺装的颜色，并强化画面的明暗转折，进一步塑造画面的明暗关系，如图6-89所示。

（10）使用彩铅和高光笔调整画面，卧室的窗帘、地毯以及床尾凳等都有冷色调，要控制好冷色调所占的比例，让暖色调占比更多，因为卧室总体要给人比较温暖的感觉，如图6-90所示。

图6-85

图6-86

图6-87

图6-88

图6-89

图6-90

技巧提示 ✎

绘制简欧式卧室效果图时，需要注意以下4点。

① 在绘制床头整体的透视造型时，需要仔细观察再动笔，避免出错，如图6-91所示。

② 地面反光的处理可以使用高光笔，快速提白，可以用手指轻轻按压一下，呈现出过渡的效果，如图6-92所示。

③ 注意冷暖色调的控制，尤其是暖色调的添加和处理，如图6-93所示。

④ 凳腿和椅腿造型的处理，要注意表现材质的反光效果和透视关系，如图6-94所示。

图6-91

图6-92

图6-93

图6-94

6.5　酒店大堂空间效果图综合表现

6.5.1　酒店大堂概述

酒店大堂概述

　　大堂是酒店的"灵魂"，是酒店最重要的区域，也是顾客对酒店产生第一印象的地方。酒店大堂设计的好坏是影响酒店能否成功的重要因素，所以酒店大堂一定要重点打造，如大堂面积的控制，柱网布置，主要出入口位置以及垂直交通的位置等（见图6-95）的设计。设计师要在充分考虑建筑现有结构形式的条件下弥补不足，发挥主观能动性和创造性，使室内环境与建筑很好地融合在一起。

大堂的空间形态决定了酒店的整体效果和气氛，根据不同的空间条件，应使用不同的手法进行空间设计和场景处理（见图6-96）。空间的统一性、秩序性、开敞与流动、尺度序列、趣味等美学规律和手法，都是设计师需要充分领会和把握的，如图6-97所示。

图6-95   图6-96   图6-97

1. 酒店大堂动线设计的要求

首先，较大型的大堂水平动线应区分主要通道和次要通道，同时需区分通道和售货区。通道在满足防火安全疏散条件的前提下，应根据客观流量和柜面布置的方式确定最小宽度。

其次，动线设计应避免有死角，能迅速、安全地疏散人流。出入口的位置、数量和宽度以及通道和楼梯的数量、宽度，应满足防火安全疏散的要求。

再次，所有动线必须和各层中的重点通行工具（如电梯、自动扶梯、楼梯）形成便利和明确的关系，使水平动线快速衔接垂直交通，各楼层之间应形成自然的通道。在进行酒店设计时，应在衔接处适当预留停留面积，以便顾客停留、周转。

最后，柜台或售货区的设置应自然形成合理的环路，避免走回头路，为顾客提供明确的流动方向和购物目标。

2. 酒店大堂的设计要素

（1）大气与美观。

酒店大堂设计中，大气与美观是最基本的要点。一方面，大气主要通过空间与视觉感受来实现，空间不可太小，在充分利用原有建筑结构的基础上可进行适度扩展，对于无法扩展的空间，可采用镜面材质扩大视觉空间。同时，空间的高度不可太低，从空间感的设计角度来看，越高的空间越有气势（见图6-98）。另一方面，美观主要通过造型、材质及灯光3个方面来实现。

（2）功能分区。

酒店大堂需要的三大基本功能区是接待区、休息区及通道。接待区中，接待台一般摆放在大堂大门的正对面或侧面，不可离门太远，方便接待人员及时迎客；休息区设置在相对安静的角落或侧面，并放置沙发、茶几、饮水机、报刊架等相关设施，便于客人等待、休息或阅读；通道是指进入酒店大堂后再进入其他区域的一个分流空间，没有明显的界线是通道的基本特征，装修设计时可采用不同的材质或色彩在地面造型上进行区分，如图6-99所示。

（3）与整体主题统一。

每个酒店都有自己独立的风格及主题，大堂是体现主题的第一要素。在大堂的装修设计中，应该紧扣整体主题，与酒店的风格相吻合。例如，中式风格（见图6-100）的酒店，大堂就不宜出现欧式风格的设计元素；以商务为主题的酒店，大堂便不可体现餐饮主题等。

图6-98

图6-99

图6-100

6.5.2 酒店大堂空间效果图

下面以酒店大堂实景图为例绘制效果图，在绘制时，要注意异形曲面的造型、座椅的大小、整体空间的舒适感、吊顶灯的造型等。这些元素是表现好这张效果图的关键所在，尤其是绘制铅笔底稿时要多观察再下笔。

实景参考图如图6-101所示。主要用色如图6-102所示。

酒店大堂
效果图

图6-101

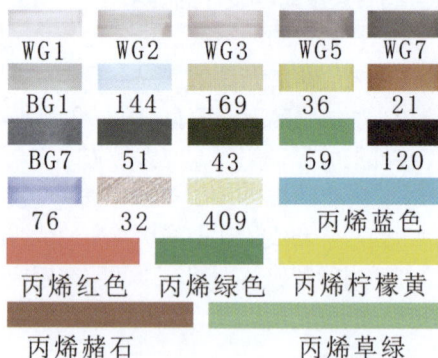
图6-102

酒店大堂空间效果图如图6-103所示。

（1）运用铅笔绘制出酒店大堂的整体空间结构与透视关系，并仔细观察酒店大堂的通道、休息区以及接待区，明确三者之间的位置关系，如图6-104所示。

图6-103

图6-104

（2）用签字笔绘制墨线时，先画出前景休息区的茶几和座椅，以及景观小品与雕塑等，下笔应干净利落，如图6-105所示。

（3）完成大堂左侧的柱子、其余座椅和茶几等的绘制，并添加配景人物来活跃气氛，如图6-106所示。

图6-105

图6-106

（4）绘制出远景墙面的结构，并细致呈现大堂吊顶、墙面、门窗等的结构，添加室内配景植物等，如图6-107所示。

（5）绘制出吊顶灯和地毯等的具体造型，地毯的造型适当表现即可，后续上色时还可以进行调整，如图6-108所示。

图6-107

图6-108

（6）运用暖灰色和黄色马克笔渲染出灯光效果，并为座椅亮面以及墙面等上第一遍颜色，第一遍颜色可以大面积表现，如图6-109所示。

（7）加强墙面、地毯以及地面反光区域的颜色表现，并为室内绿植上底色，添加一些其他细节，如图6-110所示。

（8）运用高光笔初步确定地毯花纹的造型，并强化吊顶灯的底座、旋转大门的顶部以及部分墙面区域的色调，运用较深的暖灰色丰富墙面和座椅的暗部层次，完善画面，如图6-111所示。

（9）运用彩铅排线，突出暖色调，并进一步进行色彩过渡处理与细节的添加，如图6-112所示。

图6-109

图6-110

图6-111

图6-112

（10）由于地毯处于前景并且占据面积较大，要合理地处理。如果整体画面呈现出偏暖的色调，那么地毯可以适当添加一些冷色调的花纹，但冷色调的花纹不宜太多，适当点缀即可，以完善画面，如图6-113所示。

图6-113

技巧提示

绘制这张酒店大堂效果图时，需要注意以下3点。

① 妥善处理异形曲面的造型，尤其注意椭圆形透视效果的表现，如图6-114所示。

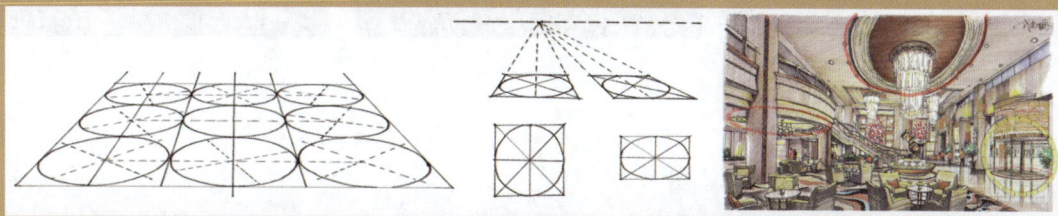

图6-114

② 整体的空间感，其表现取决于空间物体的大小对比，如绘画茶几和座椅时，要注意物体的体量大小，如图6-115所示。

③ 吊顶灯的造型，在绘制线稿时可以用短竖线概括表现吊顶灯的整体造型，因为有灯光的照射，所以吊顶灯的边缘轮廓是很难看清的，主要表现吊顶灯的整体效果即可，如图6-116所示。

图6-115

图6-116

6.6 会所室内空间效果图综合表现

6.6.1 会所概述

会所概述

会所一般又称为"俱乐部"，从字面上理解就是人们聚集在一起进行娱乐活动的场所，更确切地说，俱乐部是具有某种相同兴趣的人进行社会交际、文化娱乐等活动的场所。俱乐部文化起源于17世纪的欧洲大陆，当时的绅士俱乐部源于英国上层社会的民间社交场所，已有数百年的历史，如怀特英国绅士俱乐部（见图6-117）。这类俱乐部的内部陈设十分考究，除舒适的房间和精美的装饰（见图6-118），俱乐部内往往还设有书房、图书馆、茶室、餐厅和娱乐室等。

俱乐部现多指社会团体所设的文化娱乐场所，如室内高尔夫俱乐部（见图6-119）、足球俱乐部、汽车俱乐部等。

图6-117

图6-118

图6-119

6.6.2 会所室内空间效果图

本小节以高尔夫俱乐部的室内休息区为参考绘制会所室内空间效果图，需注意整体画面的色调，以及马克笔叠加技巧的运用。在墙面颜色接近时，要合理区分不同的墙面材质，灯光和地面反光的表现也是重点，颜色叠加太多会使画面过于杂乱和脏腻，上色时需要留心。

会所效果图

实景参考图如图6-120所示。主要用色如图6-121所示。

图6-120

图6-121

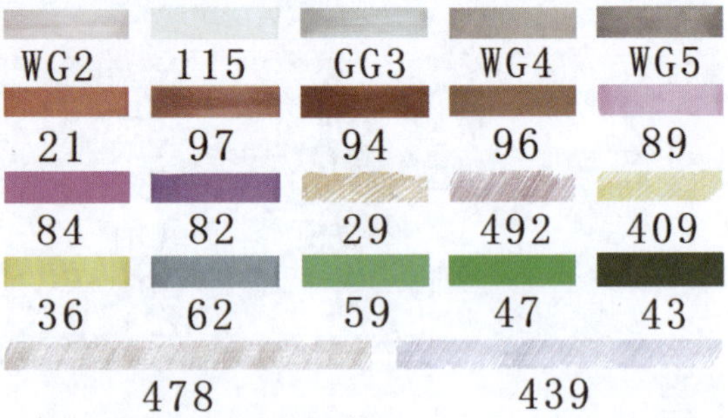

会所室内空间效果图如图6-122所示。

（1）运用铅笔绘制整体造型，将室内休息区的座椅、地面铺装的透视线、吊顶灯以及墙体棱角的透视线等勾画出来，如图6-123所示。

图6-122

图6-123

（2）根据铅笔底稿，用签字笔先绘制出前景休息区的座椅，作为后续绘制的参照物，然后进一步刻画出地面铺装的透视线，如图6-124所示。

（3）整体绘制休息区的座椅和配景植物，由近景向远景依次绘制，及时擦掉铅笔稿，这样能更好地保持画面整洁，如图6-125所示。

图6-124

图6-125

（4）整体绘制出门窗以及墙面等的造型，同样，上完墨线后及时擦掉铅笔稿，以保持画面整洁，如图6-126所示。

（5）绘制出室内空间的其余元素，然后调整画面明暗关系，通过排线丰富画面的明暗层次，如图6-127所示。

图6-126

图6-127

（6）使用暖灰色和黄色的马克笔为整体画面上第一遍颜色，为整个画面奠定色彩基调，如图6-128所示。

（7）绘制出画面中座椅和门窗等不同材质的固有色，并为植物等上第一遍颜色，准备进入主体的塑造，如图6-129所示。

（8）塑造墙面和天花板等的明暗关系，并初步为休息区椅子的投影上第一遍颜色，加强部分区域的深色调，从而加强画面的明暗对比，如图6-130所示。

（9）使用彩铅和暖灰色与亮色马克笔进行叠加，细化前景铺装的整体效果。彩铅更多地起到过渡和调节画面冷暖关系的作用。用高光笔修改灯光的色彩倾向，完善其他细节，如图6-131所示。

图6-128

图6-129

图6-130

图6-131

（10）使用高光笔和黑色的马克笔整体调整画面，让画面明暗对比更强烈，过渡更自然，并添加一些其他细节，如图6-132所示。

图6-132

技巧提示

绘制这张会所室内空间效果图时，需要注意以下4个方面。

① 该效果图的消失点不在画面内，需要主观处理消失点，图6-133展示了消失点的位置，便于读者学习。

② 光感与反光的表现，会决定画面的整体视觉效果，吊灯中间发光处应偏白，两端应偏黄，如图6-134所示。

③ 在对地面铺装进行彩铅与马克笔的叠加时，颜色最好不要超过3种，否则会让画面出现脏腻和杂乱的感觉，如图6-135所示。

④ 座椅暗部不能全部用黑色加深，要注意过渡，如图6-136所示。

图6-133

图6-134

图6-135

图6-136

6.7　本章小结

　　本章具体讲解了餐厅、客厅、卫生间、卧室、酒店大堂和会所等室内空间的基础知识，阐述了绘制效果图的各个步骤，便于读者了解绘制过程中的关键要点。通过每一个案例的"技巧与提示"板块，清楚解析了每一个室内空间案例的重点和难点，并给出了具有指导性的相关建议与提示。通过多加练习，读者能绘制出更高质量的效果图。

6.8　课后实战练习

6.8.1　综合空间临摹案例

　　下面提供几张用马克笔表现的综合空间作品，以供读者临摹与学习。需要注意的是，所有的临摹与学习都是为了最终的设计，所有的表现技法和形式都只是设计的表象，而真正的设计核心离不开我们对设计的思考，以及对基础元素的积累和实战练习。多阅读设计类的图书，这样才能在设计这条道路上走得更快、更远。

6.8.2　实景图参考案例

　　收集前沿的设计图或实景图进行照片写生，不仅能积累设计素材，而且能提升自身的眼界。根据自己的设计趣味和喜好，收集一些能激起绘画欲望的照片。一般情况下，应收集清晰度高、难度中等的实景照片或计算机设计图，便于绘画时看清细节，如下图所示。基础薄弱者不要一味追求难度，绘画需要长期的坚持，设计更不是一蹴而就的，这些都需要长期的经验积累。

第 **7** 章

室内快速
设计方案

本章概述

本章讲解室内快速设计方案的表达技巧，首先，介绍室内设计平面图和立面图的绘制要点和步骤；随后，探讨如何将平面图转换为透视图，并强调设计重点和尺度的控制；最后，概述从室内设计方案到施工全流程所需的分析图，包括平面框架图、平面布置图、动线分析图、材料图和具体施工图等，为室内设计的实施提供全面的指导。

7.1 室内设计平面图绘制

7.1.1 室内平面图绘制要点

绘制室内平面图是对空间布局和功能的视觉化呈现。在这一过程中,我们需要从3个核心要点出发,确保设计的准确性和吸引力。

(1)层次分明,营造立体感:在绘制室内平面图时,首先要确保空间的层次清晰,通过对线条和阴影的巧妙运用,为平面图增添立体感,使设计更具深度,如图7-1所示。

(2)整体把握,分清主次:整体布局是平面图的关键,要明确空间的主要功能区域和次要功能区域,合理划分空间,确保设计的整体性和功能性。重要空间和元素的表达要相对细致,相对次要的空间和元素可以选择简明的方式进行绘制,或者用文字直接表达,这样既节约了时间,又突出了重点。一般来说,空间总图主要体现墙体的拆改设计或分隔布局,以及家具的布局和重点的铺装样式,重在展现整体构思,不必在图上详细标出家具样式以及空间造型,如图7-2所示。

图7-1

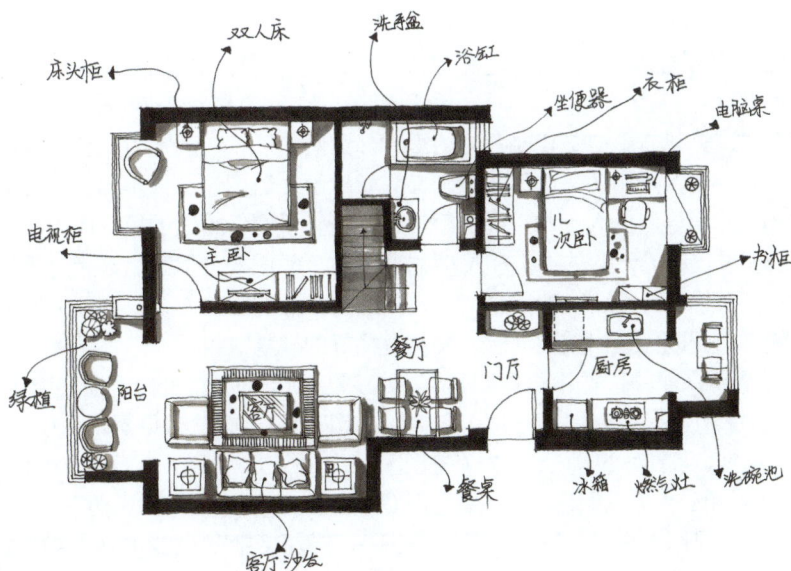

图7-2

（3）适当上色，突出主体与美感：色彩是设计中的重要元素，适当为平面图上色，可以突出设计的主体和美感，让平面图更生动和有吸引力，如图7-3所示。

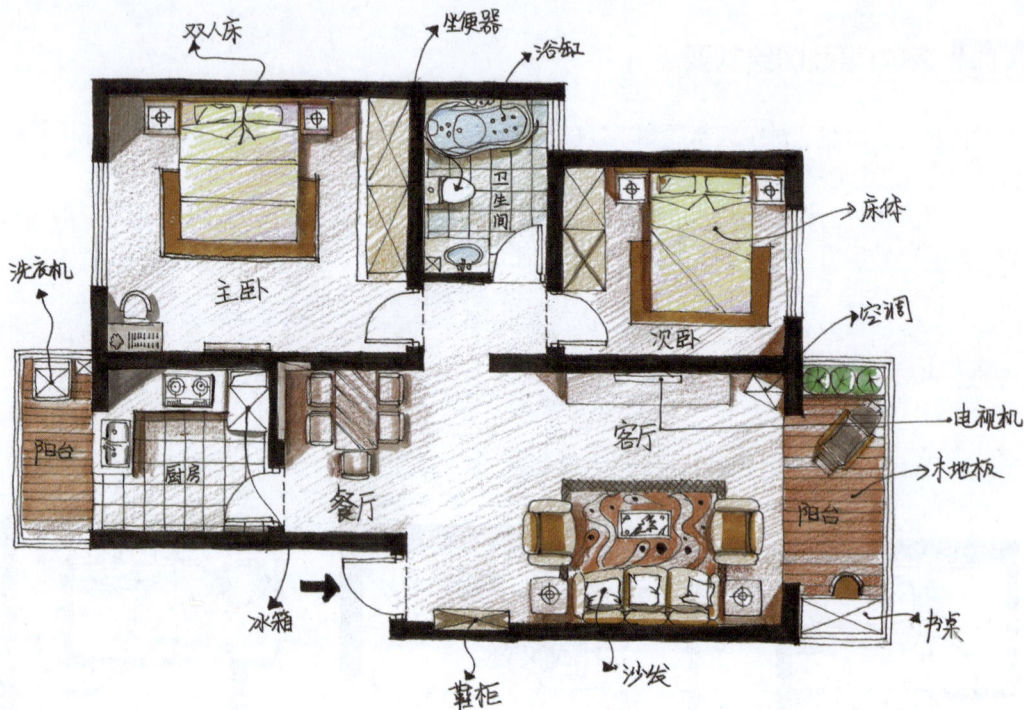

图7-3

7.1.2 平面图设计元素

平面图是室内设计的重要表现形式，其中包含桌椅、沙发、柜体、门窗等多种元素。这些元素在平面图上的表达方式具有一定的规范和模式，掌握这些规范和模式能够让我们在设计中更加灵活地绘制平面图。

在选择图例时，美观与简洁是首要考虑的因素。图例的形状、线宽、颜色以及明暗关系都应经过合理的安排，以确保绘制的平面图既清晰又易于理解。若图例选择不当，不仅会影响整个平面图的质量，还可能误导专业人士对空间的解读，更会降低图纸给人的第一印象。

在设计与表现过程中，元素的形态和尺度的准确性至关重要。但我们不必过于追求细节的精致，因为过度的细节描绘可能会耗费大量时间，并削弱画面的整体效果。合理的比例和适度的细节表现，能够使平面图既传达出关键信息，又具有良好的视觉效果。

以下是室内设计平面图中常用的平面元素，如沙发组合（见图7-4）、双人床（见图7-5）、会议桌（见图7-6）、办公桌（见图7-7）、餐桌（见图7-8）、面盆（见图7-9）、洗手盆（见图7-10）、厨房洗碗池（见图7-11）、坐便器（见图7-12）、浴缸（见图7-13）、衣柜（见图7-14）、前台（见图7-15）、单开门（见图7-16）、双开门（见图7-17）、子母门（见图7-18）、推拉门（见图7-19）、折叠门（见图7-20）、窗户（见图7-21）、楼梯（见图7-22）、铺装装饰图案（见图7-23）、室内植物（见图7-24）等，希望读者能够多加练习，并在实际设计中举一反三，灵活应用。

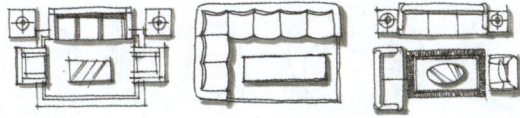

图7-4

图7-5

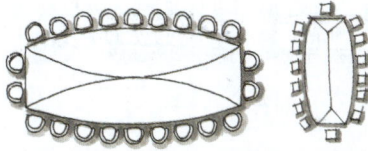

图7-6

图7-7

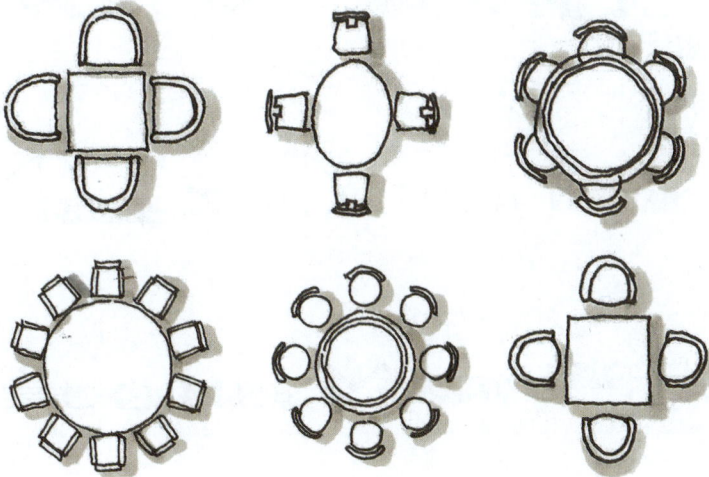

图7-8

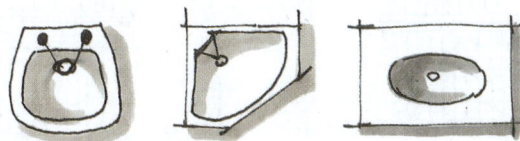

图7-9

图7-10   图7-11

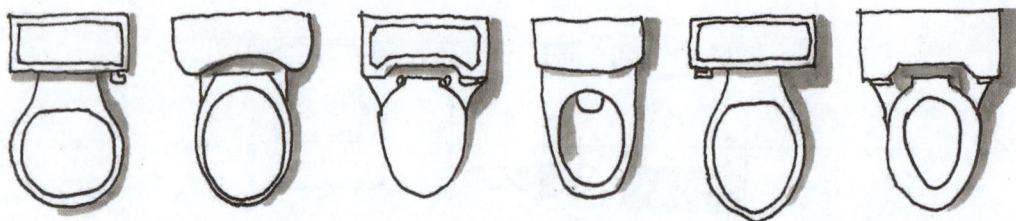

图7-12

图7-13   图7-14

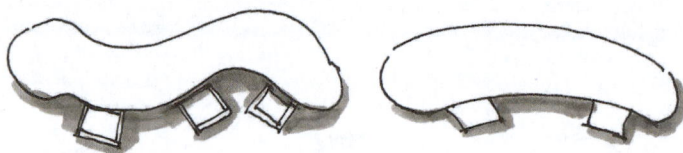

图7-15

图7-16   图7-17   图7-18

图7-19   图7-20   图7-21

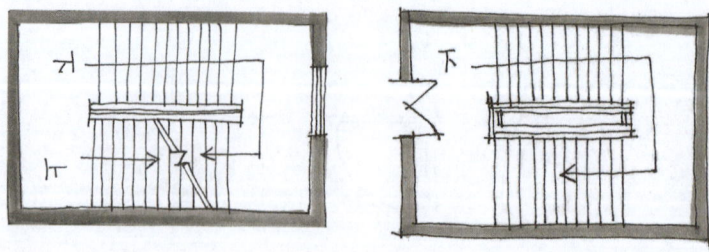

图7-22

图7-23

图7-24

7.1.3 平面图的绘制步骤

室内平面图作为建筑和室内设计的最基础的图纸，能够帮助我们清晰地传达空间布局、房间尺寸、家具摆放等信息。下面将详细介绍如何绘制一张室内平面图，以便读者更好地掌握这一基本技能，主要用色如图7-25所示。

（1）使用铅笔进行整体构思，运用线条初步确定室内平面图的结构，这一步的核心在于调整平面布置方案，划定不同区域，如图7-26所示。

（2）利用比例尺精确绘制出墙体，同时预留窗户和门的位置，构建出室内平面的精确框架结构，如图7-27所示。

平面图绘制
步骤

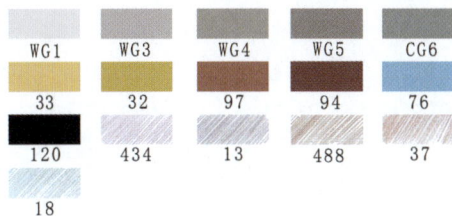

图7-25

（3）基于平面的框架结构，使用铅笔进一步完善平面图，合理布局不同区域内的家具图例，并补充绘制出门窗，使平面图更加完整，如图7-28所示。

（4）使用签字笔绘制平面图的墙体、门窗和尺寸标注，待签字笔印迹完全干透后擦除铅笔底稿，确保画面整洁干净，如图7-29所示。

（5）使用签字笔整体绘制室内平面图中的家具图例，并彻底擦除铅笔底稿，保持画面线条清晰整洁，如图7-30所示。

（6）采用黑色的马克笔绘制墙体，明确室内空间，并绘制地面铺装，同时标注说明不同区域的家具图例，使图纸一目了然，如图7-31所示。

（7）对画面进行微调，着重刻画局部家具图例，如地毯、沙发抱枕等，以突出画面的重点，如图7-32所示。

（8）使用马克笔为地面铺装上底色，为后续的上色做好准备，此步骤中，不同空间内的家具可先留白，如图7-33所示。

（9）结合画面底色，对家居陈设（如座椅、沙发、餐桌、床体、地毯等）进行冷暖色调的搭配，以增强画面的视觉效果，如图7-34所示。

（10）对画面进行整体调整，使用高光笔提亮画面的局部高光，并使用彩铅和马克笔进行细致的刻画，直至作品完成，如图7-35所示。

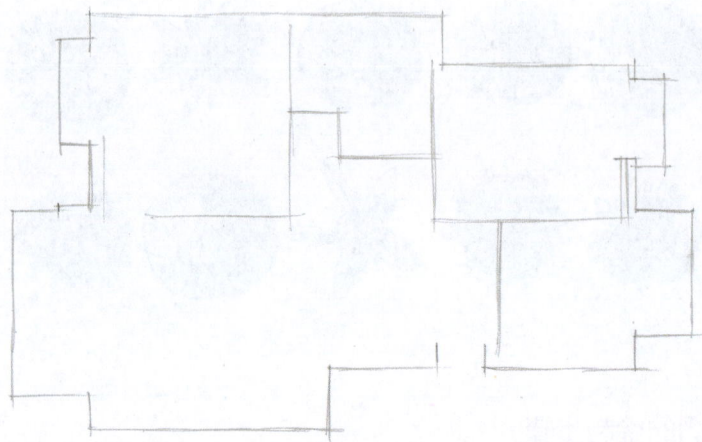

平面布置图

图7-26

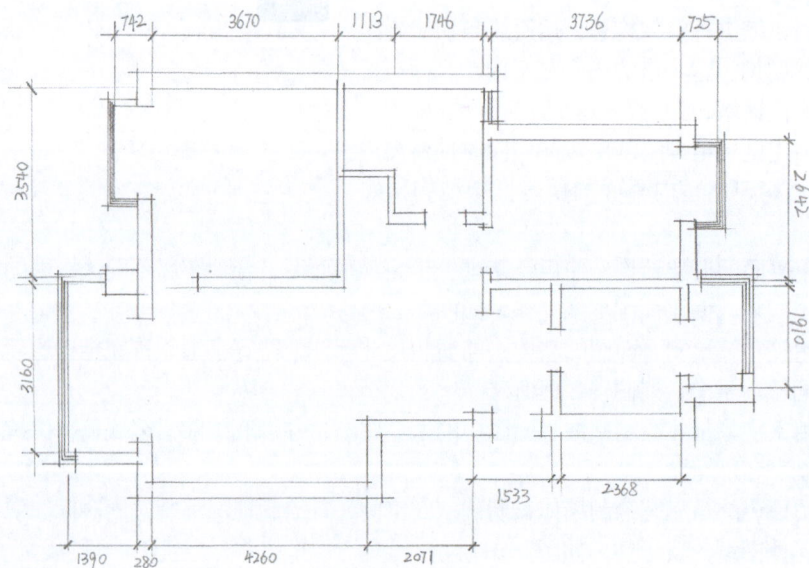

平面布置图

图7-27

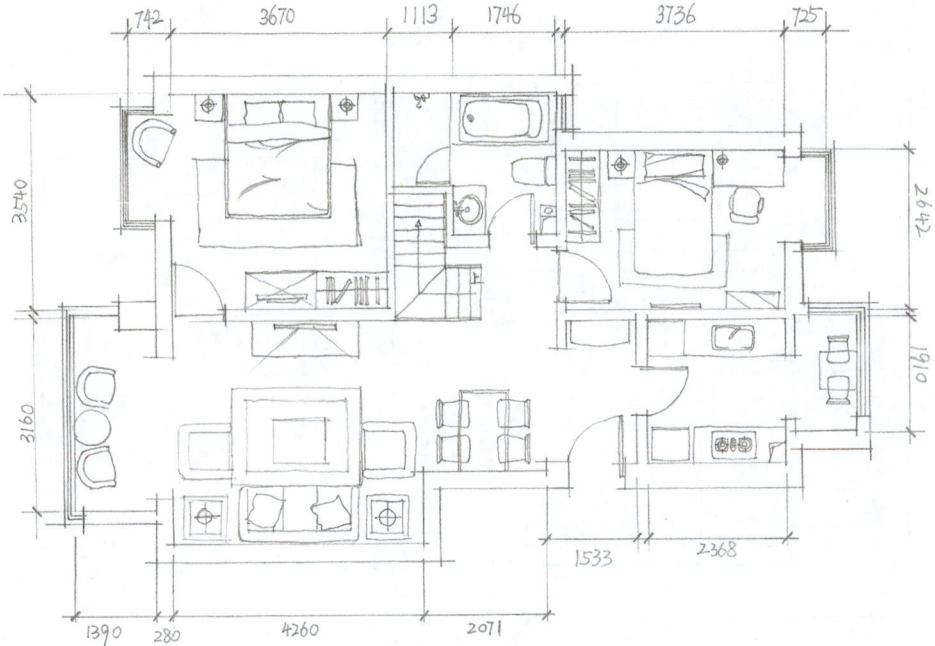

平面布置图

图7-28

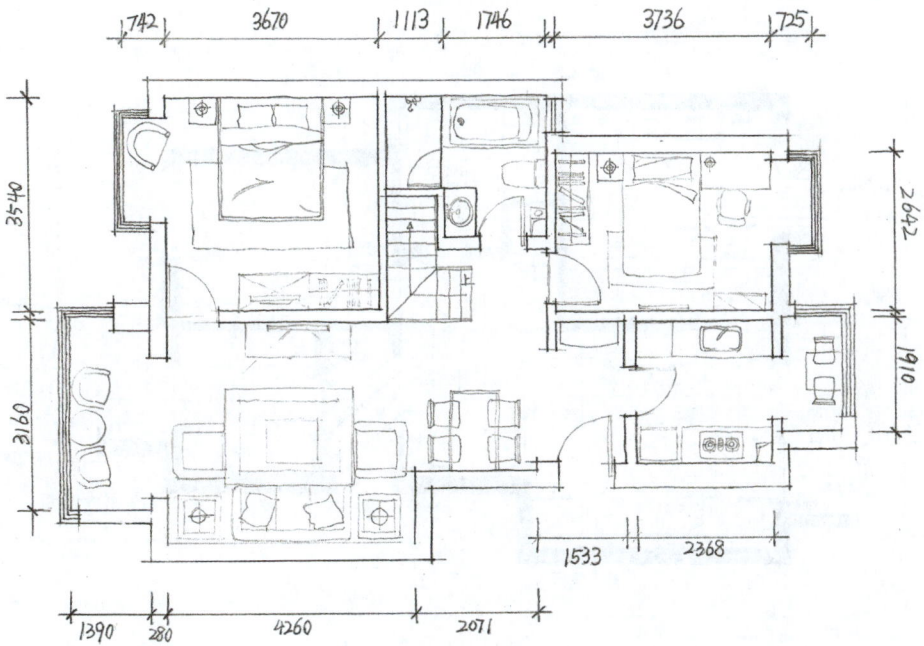

平面布置图

图7-29

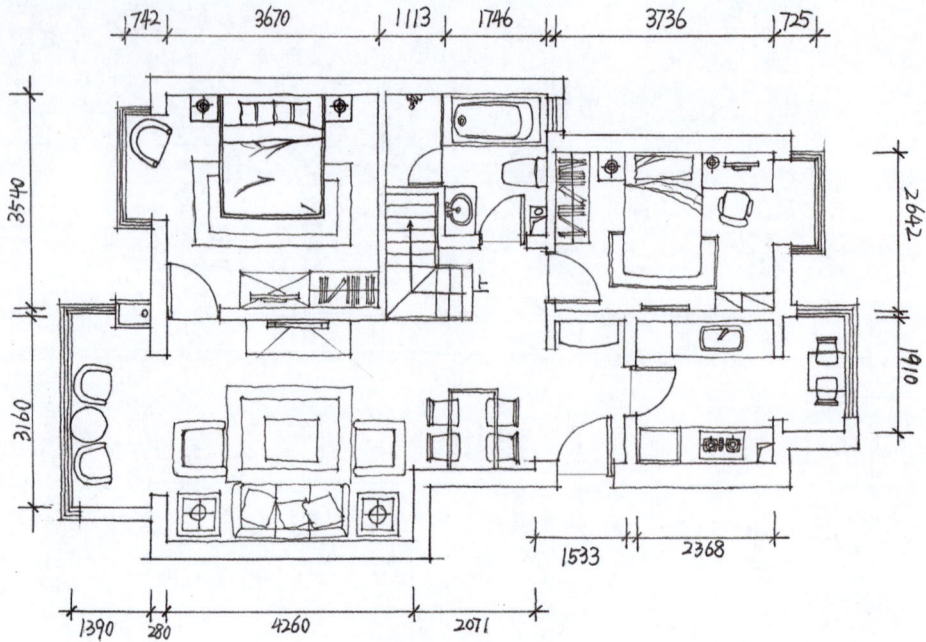

平面布置图

图7-30

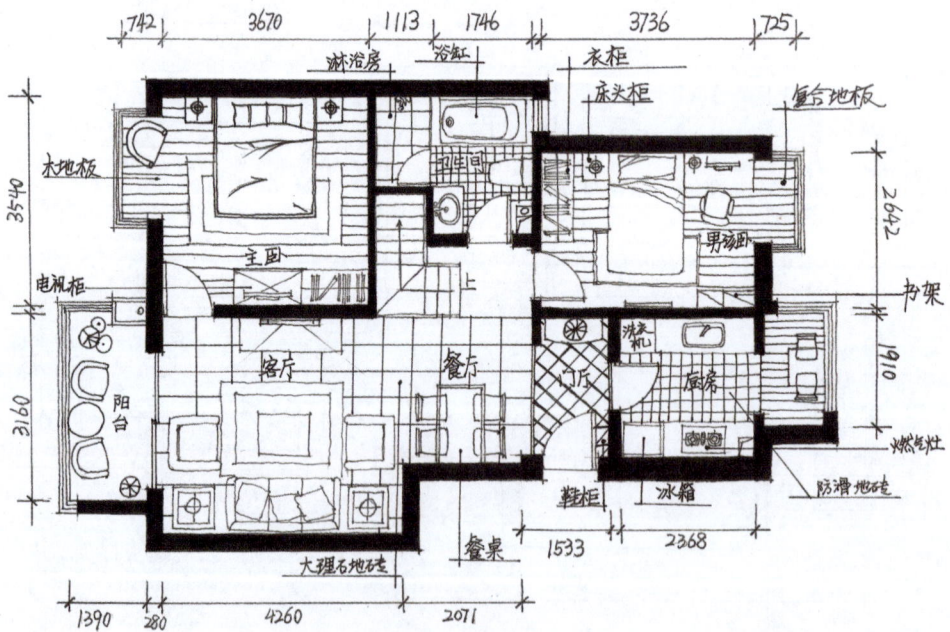

平面布置图

图7-31

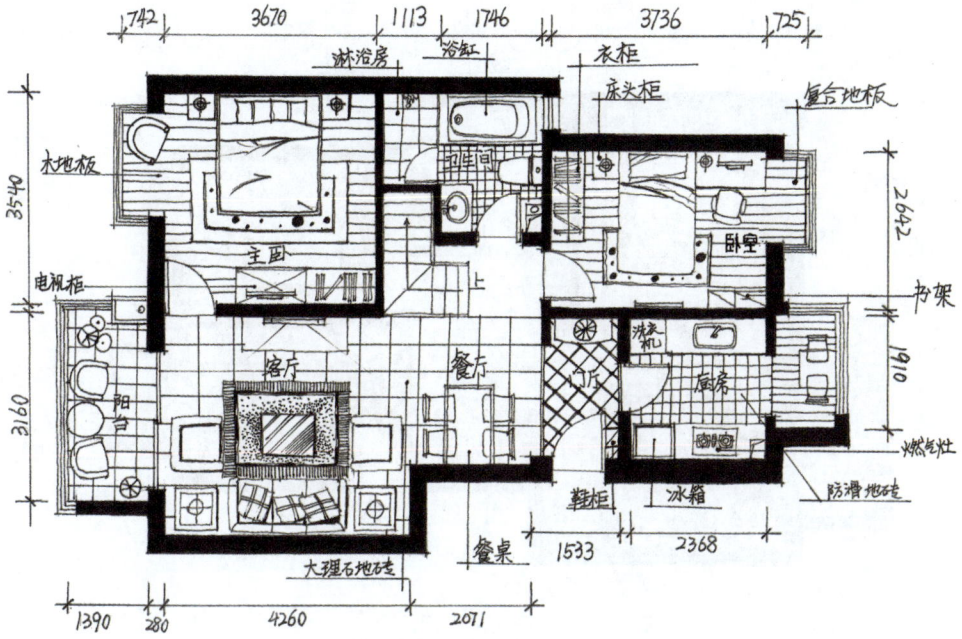

平面布置图

图7-32

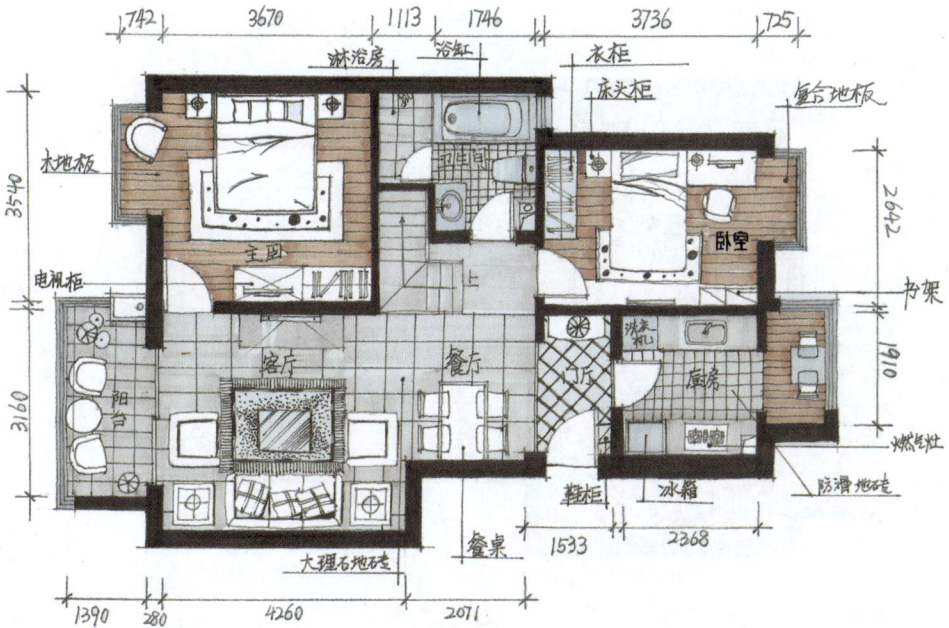

平面布置图

图7-33

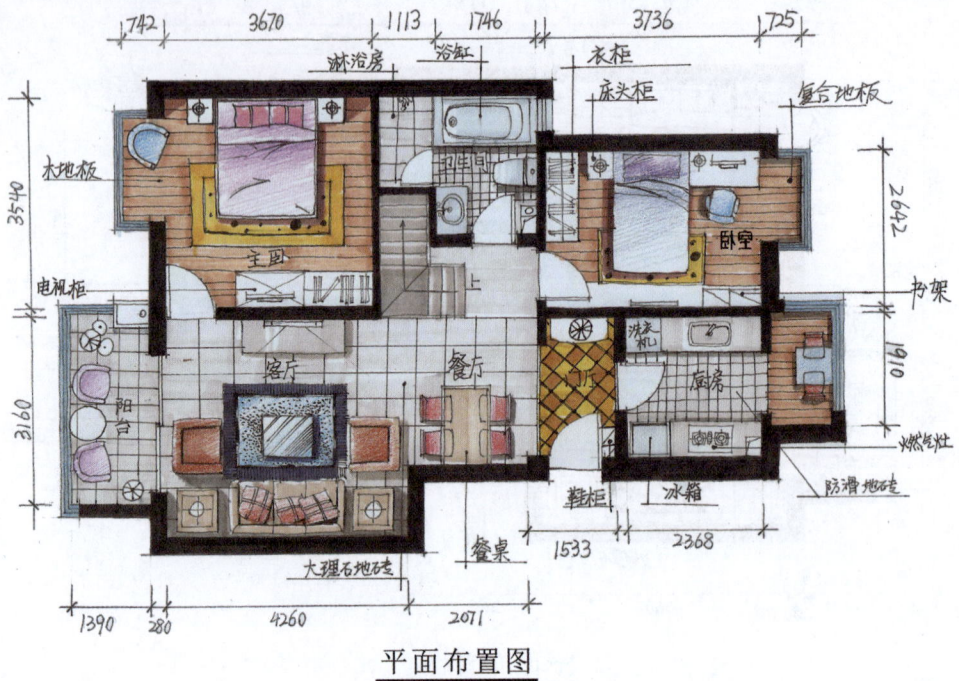

平面布置图

图7-34

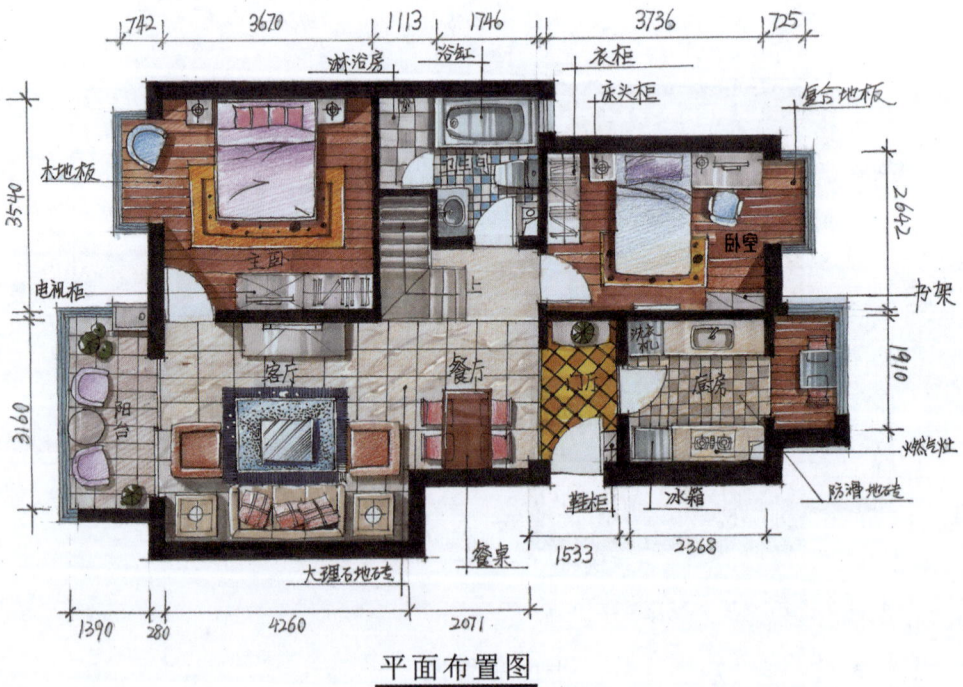

平面布置图

图7-35

7.2 室内设计立面图绘制

7.2.1 立面图的绘制要点

以下是绘制立面图的核心要点。

（1）墙面造型的二维表现：绘制立面图时，墙面造型应呈现为二维效果。若墙面有起伏，应通过阴影来体现其凹凸感，如图7-36所示。

图7-36

（2）尺寸和文字标注的清晰性：立面图应包含明确且清晰的尺寸标注和文字说明。对于重要元素，建议加上标高，以体现设计的专业性，如图7-37所示。

（3）色彩的简洁性：在快速构思阶段，立面图的颜色应尽量简约，避免过于杂乱。注意色彩的主次关系和明暗虚实变化，以突出设计重点，如图7-38所示。

（4）家具的剪影形式：立面图中的家具应以剪影形式呈现，无须使用透视来表现其造型和前后关系，如图7-39所示。

（5）正确的比例尺：立面图必须包含正确的比例尺，以确保图纸上的尺寸与实际尺寸的对应关系。比例尺的选取应根据项目的具体需求和图纸的用途来确定，常见的比例尺有1∶50、1∶75、1∶100等。使用正确的比例尺可以使立面图更易于理解，有助于施工人员或客户准确地把握设计的细节和尺寸，如图7-40所示。

（6）计算机后期深入处理：更深入的立面图细节通常会使用计算机进行后期处理和完善。

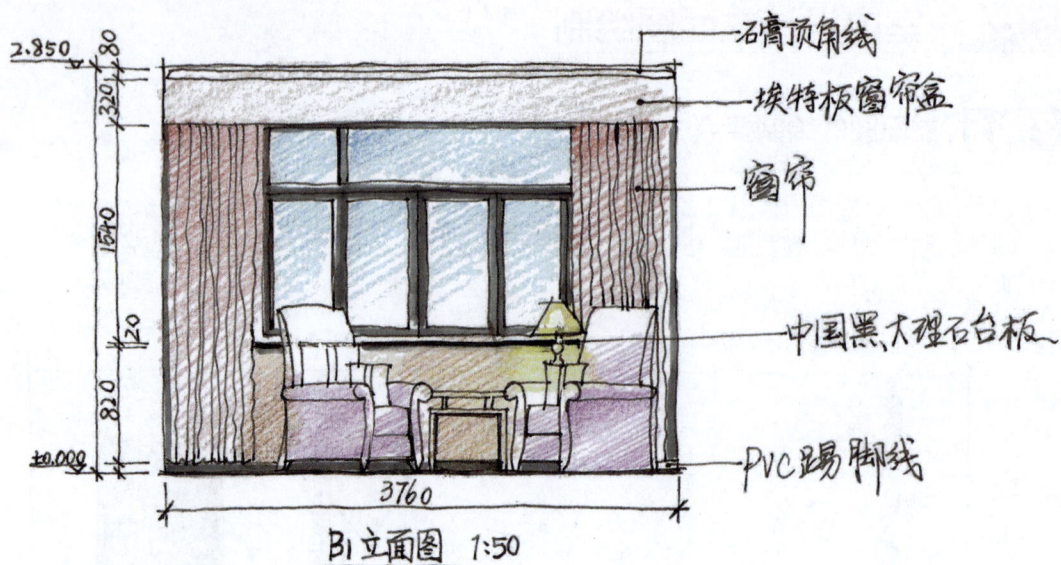

石膏顶角线

埃特板窗帘盒

窗帘

中国黑大理石台板

PVC踢脚线

2.850

320

80

1590

120

820

±0.000

3760

B1 立面图 1:50

图7-37

1190

2700

910

4800

客厅 沙发背景立面图

图7-38

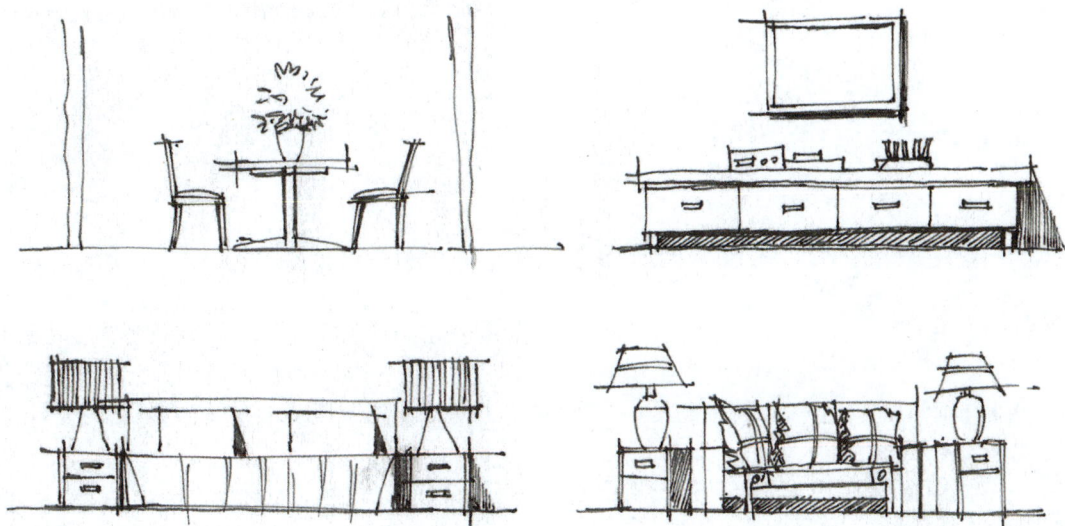

图7-39

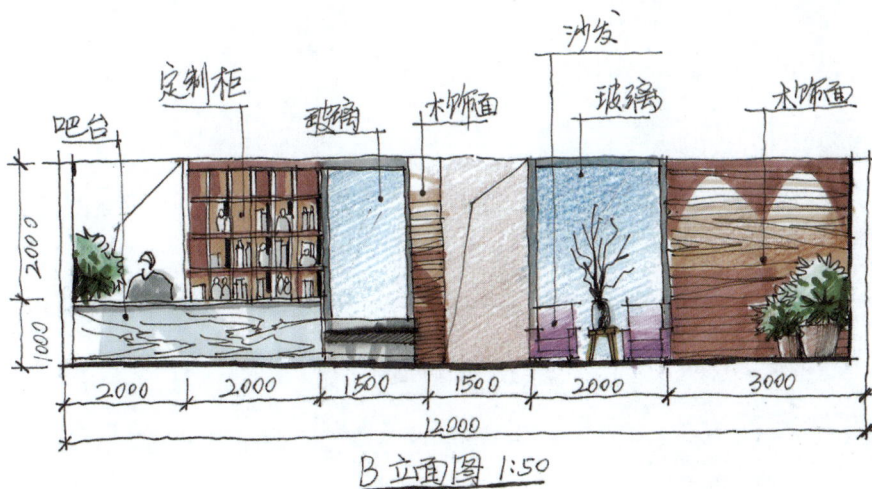

图7-40

7.2.2 立面图的绘制步骤

本小节选择酒店双人标间作为绘制对象,并详细阐述绘制步骤,旨在为读者提供清晰的学习与临摹参考。本案例的主要用色如图7-41所示。

(1)利用铅笔勾勒出立面图的整体框架,明确各个区域的位置布局,形成初步的构思图,如图7-42所示。

立面图的绘制
步骤

CG2	WG2	CG4	WG5	97
31	36	32	9	84
96	94	409	434	32

图7-41

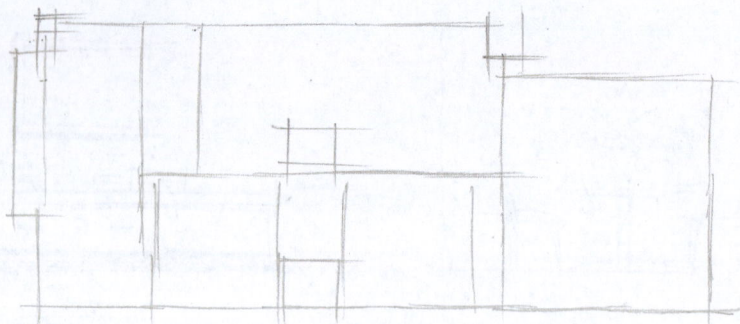

图7-42

（2）精确测量并标注立面图中的尺寸，确保图纸按标准比例绘制，详细刻画立面图的基本框架，如图7-43所示。

（3）根据已定的尺寸，用铅笔细致描绘各种家居陈设的具体形状，确保设计的合理性和美观性，如图7-44所示。

（4）使用签字线对铅笔底稿进行精准描绘，再次确认尺寸，并对立面材料进行文字标注，如图7-45所示。

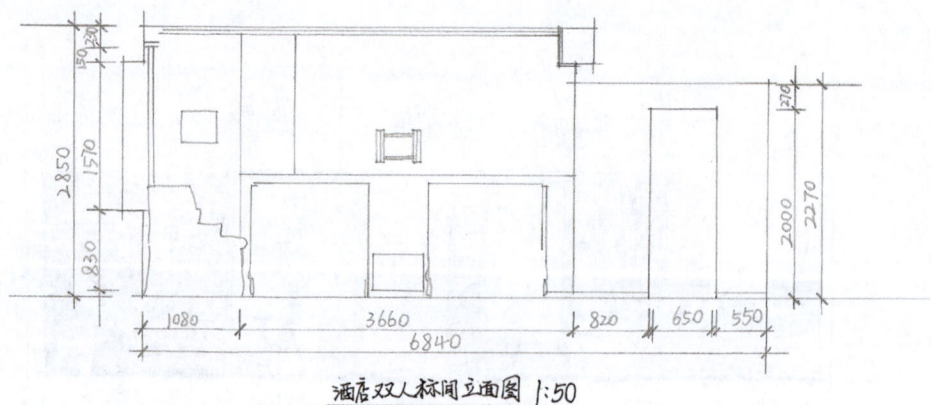

酒店双人标间立面图 1:50

图7-43

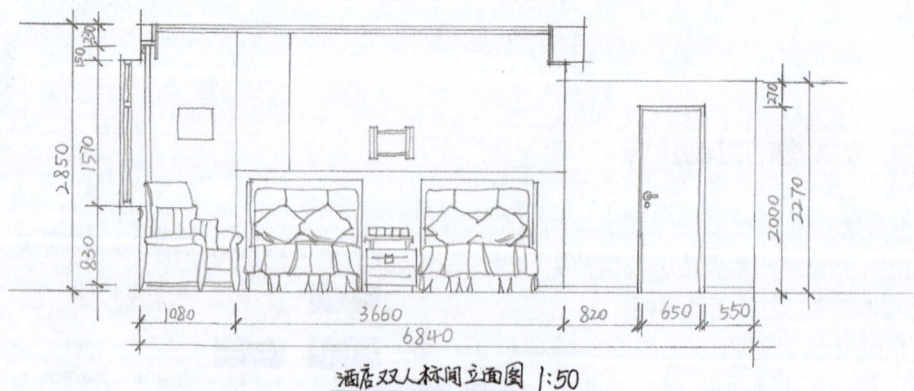

酒店双人标间立面图 1:50

图7-44

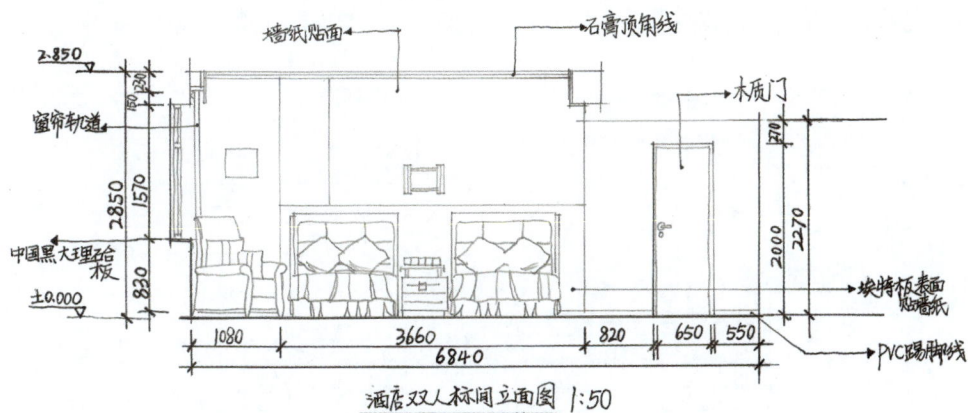

图7-45

（5）通过墨线进一步丰富画面细节，包括壁灯、木门纹理等，使画面更加生动和完整，如图7-46所示。

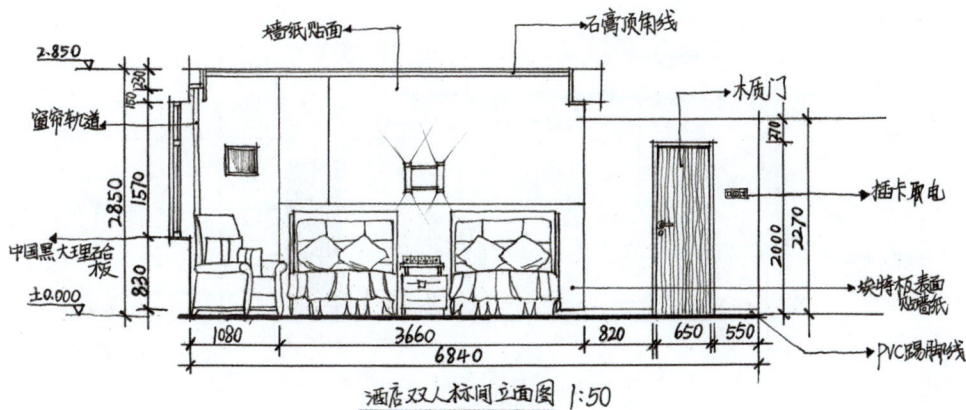

图7-46

（6）运用马克笔为壁灯添加光照效果，同时为木质门和踢脚线上色，如图7-47所示。

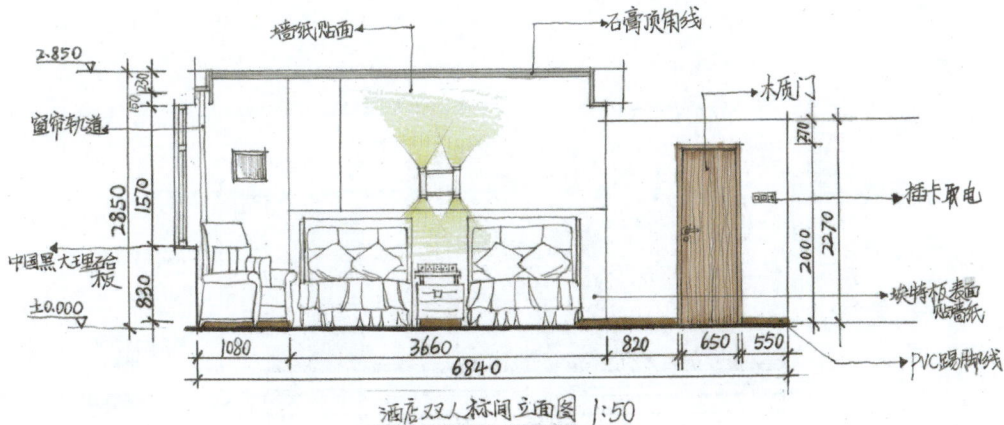

图7-47

（7）用马克笔描绘床体和沙发的亮色部分，适当留白以增加层次感，如图7-48所示。

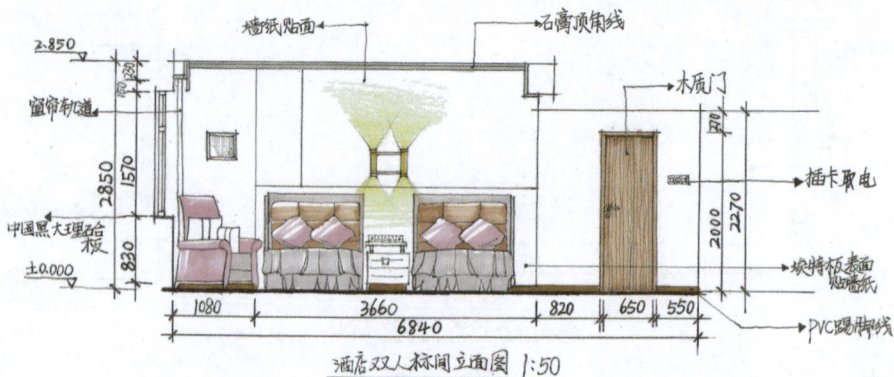

图7-48

（8）使用马克笔为背景墙面增添冷暖色调的对比，同时突出木质门等的自然色彩，如图7-49所示。

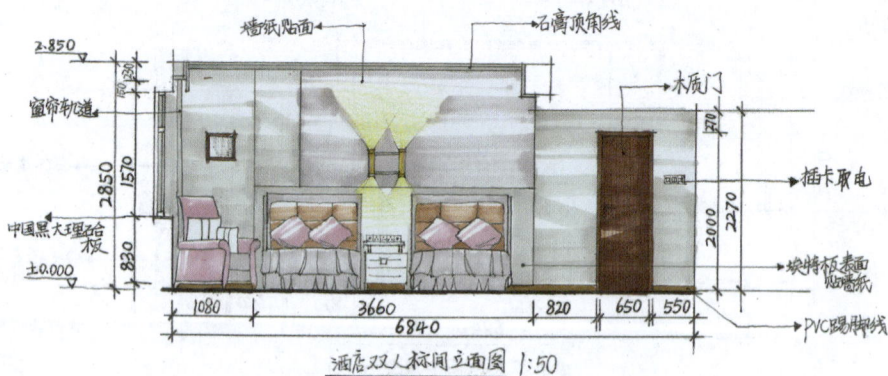

图7-49

（9）使用彩铅为画面增添更多的色彩层次，实现色彩的平滑过渡，使画面更加丰富多彩，如图7-50所示。

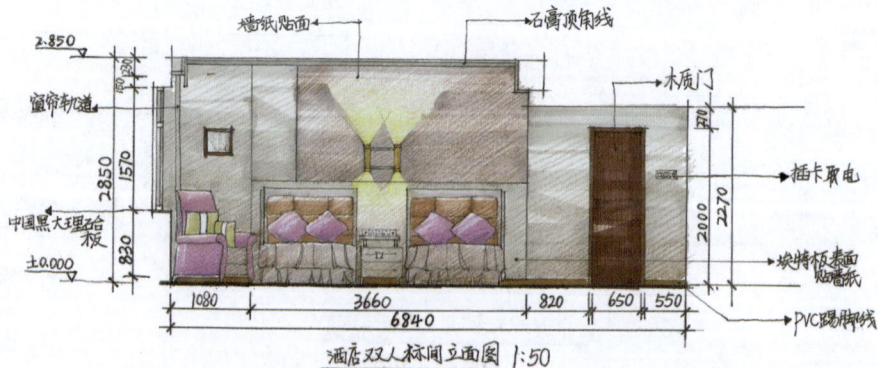

图7-50

（10）加强立面的投影效果，对整个画面进行细致调整，利用高光笔巧妙地绘制出高光部分，以确保层次感和细节的准确体现，如图7-51所示。

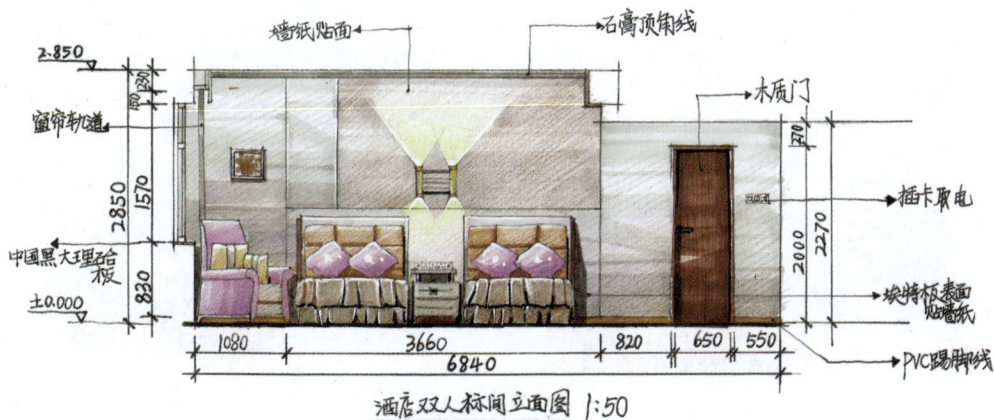

图7-51

7.3 室内设计平面图向透视图的转换

7.3.1 根据平面图确定视点

在绘制透视图时，首先要确定视点（站点）的位置，因为视点所在的位置决定了空间的进深大小、透视变形的程度、视觉中心的位置等一系列要素。

一般情况下，我们会选择尽量能看到室内全景的视点。换句话说，为了尽可能接近人眼看到的效果，应将视点有意识地放到离所表达物体较远的位置来绘制透视图。而在一些有限的空间中，甚至要把视点定位在墙面以外，"穿过"墙体来绘制透视图。

例如，当我们画一个小型的卧室空间时，由于空间尺寸的限制，在实际绘制透视图时很难表现出空间的全貌。但如果有意识地把视点放到室外，让视点与空间之间存在一定的距离，那么在画面上获得的透视效果会更加自然，如图7-52所示。

实际视点的定位中，所绘制的画面体现不出空间的全貌，显得不完整，如图7-53所示。虚拟视点的定位中，尽管平面图的视点被定位于空

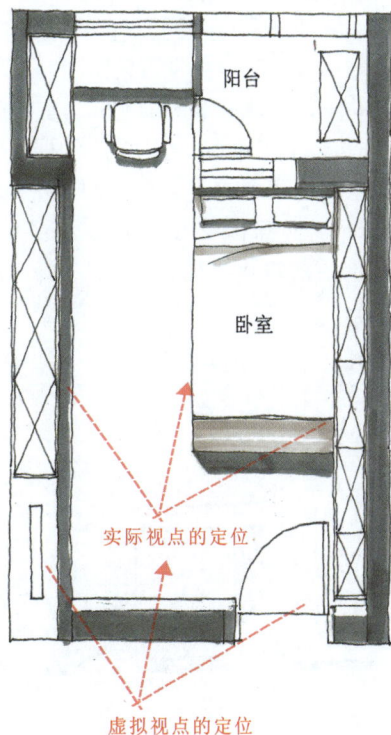

图7-52

间墙体的外面,但是透视图能够清楚地体现出空间的全貌,家具也表现得相对完整,如图7-54
所示。

图7-53

图7-54

通过对比两张视点定位图可以看出,平面图上的视点未必与绘制透视图时的视点相同,有时
会通过设定一个虚拟视点来更全面地展现空间布局和范围。

7.3.2 通过草图确定视高

视高是指绘制透视图时照相机的高度,手绘表现中也可以将视高理解为眼睛所在的高度。在
不同的空间下,视高的选择也不尽相同,通常分为仰视、平视、俯视等角度。

在大部分的室内空间中,视高通常定位在1.3m~1.5m,属于偏低的范围。换言之,它是以
人坐着的状态进行定位的,适用于家居空间、办公室、会议室等。

坐着时观察到的视觉效果如图7-55所示。

而电梯间、走廊等过道空间,在绘制时是以人站着的视高为主,因为这些空间往往给人留下
站着的印象,绘制时采用相对应的视高可以体现出正确的空间尺度感和真实感。

站立时观察到的视觉效果如图7-56所示。

另外两种视高即俯视(见图7-57)和仰视(见图7-58),选择这两种视高往往是在表现大型
空间的时候,如酒店大厅、室内中庭、百货商场等。

图7-55

图7-56

图7-57

图7-58

7.3.3 确定设计重点

在室内设计中，平面图确定后，我们需将其转换为三维空间以增强真实感，让观者沉浸其中，体会空间的魅力，如图7-59所示。

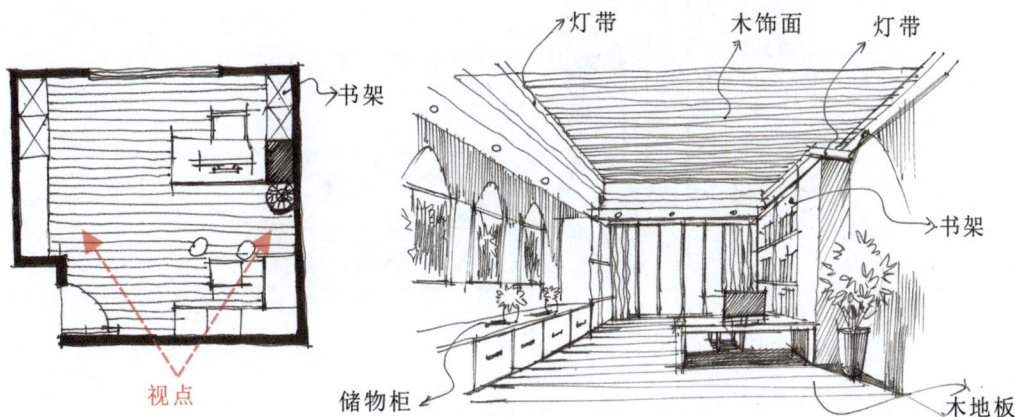

图7-59

初学者常通过临摹效果图或实景照片练习透视的表现，但实际设计时需依赖积累的透视经验来构思三维空间。转换透视图时，应聚焦于最具设计感的元素，如客厅的墙面、沙发、茶桌和天花板，重点呈现这些部分，其余则概括处理，如图7-60所示。

总之，设计方案应聚焦于说明问题、定位关键空间和突出局部重点，而非全面描绘。二维至三维的转换考验设计师的空间把握能力，可先从多个角度观察草图，选择最佳角度后再绘制效果图。

例如，餐厅与客厅相结合的室内空间（见图7-61），设计重点是餐桌、立柜的结构以及沙发和茶几的造型。为了突出室内的宽敞，需要一定的进深空间，因此选择一点透视作图方法，将视觉中心很好地汇聚于餐桌、立柜、沙发与茶几等家具上，从而凸显主体。而局部体现客厅空间的效果（见图7-62）时则选择了两点透视，其目的是刻画软包沙发、窗户、地面铺装以及地毯部分的细节。

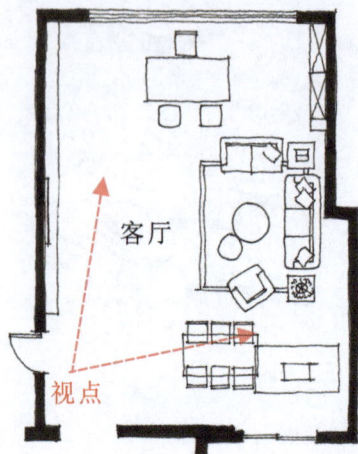

图7-60

图7-61

图7-62

7.3.4 尺度的控制

准确把握尺度是设计师必须具备的基础能力，需进行一定的强化训练。

建议读者采用徒手绘图的方式感知尺度，无论是空间尺度还是家具的尺度，都要精准把握。这不仅能提升工作效率，还能确保草图的准确性，避免因犹豫不决和基本功不扎实导致绘图出错。

推荐通过画不同长度的线条来训练尺度感知能力，如先画1000mm的线条，再画1500mm的线条，比较两者的长度差异。逐渐练习绘制更长的线条，如2000mm、3000mm等，如图7-63所示。当达到一定的准确度后，可进一步训练对空间、家具和电器尺寸的掌控能力。这样的练习可以帮助读者培养不用尺规也能精准绘图的能力，如图7-64所示。

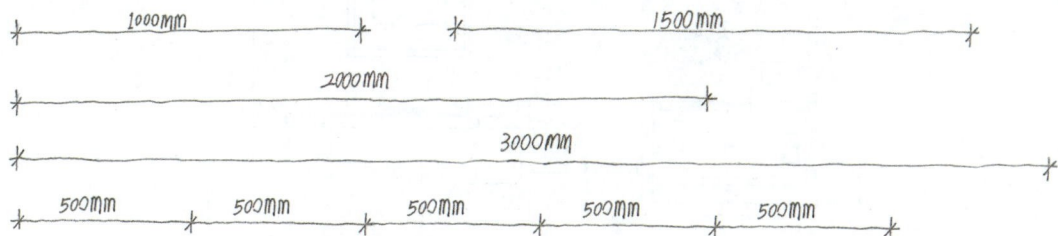

图7-63

图7-64

7.3.5 综合空间透视图的绘制

综合空间透视图的绘制

首先，依据给定的平面布局图，人为选定一个视点，如图7-65所示。接着，基于平面图上的视点进行三维空间的想象，并据此绘制出客厅与餐厅的综合空间透视图，这一过程实现了从平面图到透视图的转换。本案例的主要用色如图7-66所示。

（1）根据平面布局图，使用铅笔勾勒整体透视空间，精准定位消失点，发挥空间想象力，初步构建视觉框架，如图7-67所示。

（2）基于铅笔底稿，使用签字笔绘制客厅与餐厅综合空间的透视线，并初步描绘前景沙发与茶几等的轮廓，如图7-68所示。

（3）依据消失点，精细绘制地面铺装分隔线，并详细表现墙面、沙发、茶几、地毯等的造型结构，如图7-69所示。

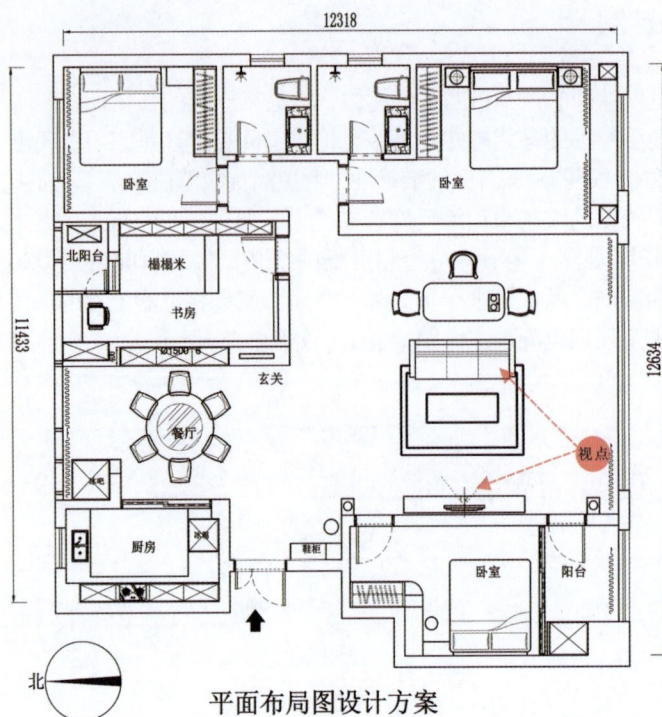

平面布局图设计方案

图7-65

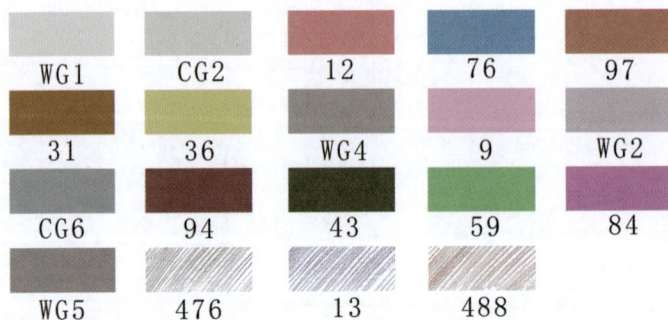

WG1	CG2	12	76	97
31	36	WG4	9	WG2
CG6	94	43	59	84
WG5	476	13	488	

图7-66

（4）完善室内墙体、立柜、门窗等的结构，精细调整以确保画面和谐统一，如图7-70所示。

（5）通过线条的疏密排列表现明暗关系，运用黑色马克笔局部加深投影暗部，增强画面明暗对比，如图7-71所示。

（6）使用暖灰色和亮色马克笔表现墙体等的色调，并局部点缀抱枕、毛毯、植物等的亮色，如图7-72所示。

（7）用马克笔表现木材、投影、电视柜、餐桌椅等的色调，强调笔触的自然过渡，如图7-73所示。

（8）整体突出家具等元素的固有色，增强画面明暗对比，提升其视觉冲击力，如图7-74所示。

（9）运用彩铅进行色阶过渡处理，为画面增添丰富的色彩，如图7-75所示。

（10）使用高光笔绘制画面高光，并进行局部调整，使画面过渡得自然和谐，如图7-76所示。

图7-67

图7-68

图7-69

图7-70

图7-71

图7-72

图7-73

图7-74

图7-75

图7-76

7.4 室内设计方案至施工全流程分析图

7.4.1 平面框架图

室内平面框架图是建筑结构设计的重要组成部分，它展示了建筑内部承重结构的布局，包括梁、柱等关键元素，确保建筑结构的稳固与安全。

注意要点：在绘制室内平面框架图时，需特别注意梁、柱的尺寸、位置和连接方式，确保它们能够准确反映建筑结构的真实状态。同时，还需考虑结构体系的合理性和经济性，以达到最优设计效果。

绘制方法：首先，使用专业软件绘制，选择如AutoCAD等专业的工程绘图软件，利用绘图工具和精确的尺寸标注高效、准确地绘制室内平面框架图。其次，选择手绘方式，借助铅笔、钢笔、马克笔、尺子等手绘工具，直观表达设计思路和意图，便于与客户或团队成员沟通和讨论，这种方式尤其适用于概念设计或初步构思阶段，如图7-77所示。

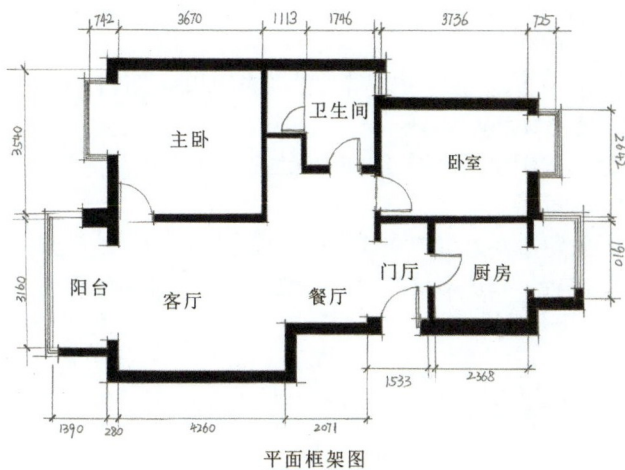

平面框架图

图7-77

7.4.2 平面布置图

平面布置图：室内设计的关键图纸，详细展示了室内空间的布局和安排，包括房间、走廊、家具、设备等元素的位置和尺寸，为室内装修和家具摆放提供指导。

注意要点：在绘制平面布置图时，需充分考虑功能性、空间利用率和美观性等因素。合理布局房间和走廊，确保空间流畅和舒适。同时，根据家具和设备的尺寸和形状，进行精确摆放，避免空间浪费和拥挤。

绘制方法：首先，借助专业的AutoCAD绘图软件，可以按房屋实际尺寸绘制出各个功能区域，并精确摆放家具和设备，确保绘图的高效性和准确性。其次，手绘能直观表达设计思路，便于与客户和团队成员沟通。手绘时需确保线条流畅、比例准确。完成初稿后，可进一步细化细节，如添加家具、门窗等，使平面布置图更完整、具体。最后，可以直接用马克笔进行上色，如图7-78所示。

平面布置图

图7-78

7.4.3　动线分析图

动线分析图：对室内空间中人流、物流等的流动方向和路径进行图形化展示的工具，旨在优化空间布局，提高空间使用效率。

注意要点：确保动线流向和路径的绘制准确无误，分析图应简洁明了，避免冗余信息。确保分析图能够指导实际的空间设计。

绘制方法：识别并确定需要分析的动线类型，根据室内布局绘制基础框架，使用线条和箭头表示动线流动方向和路径，添加必要的标注和说明，以解释动线类型和流动情况，如图7-79所示。

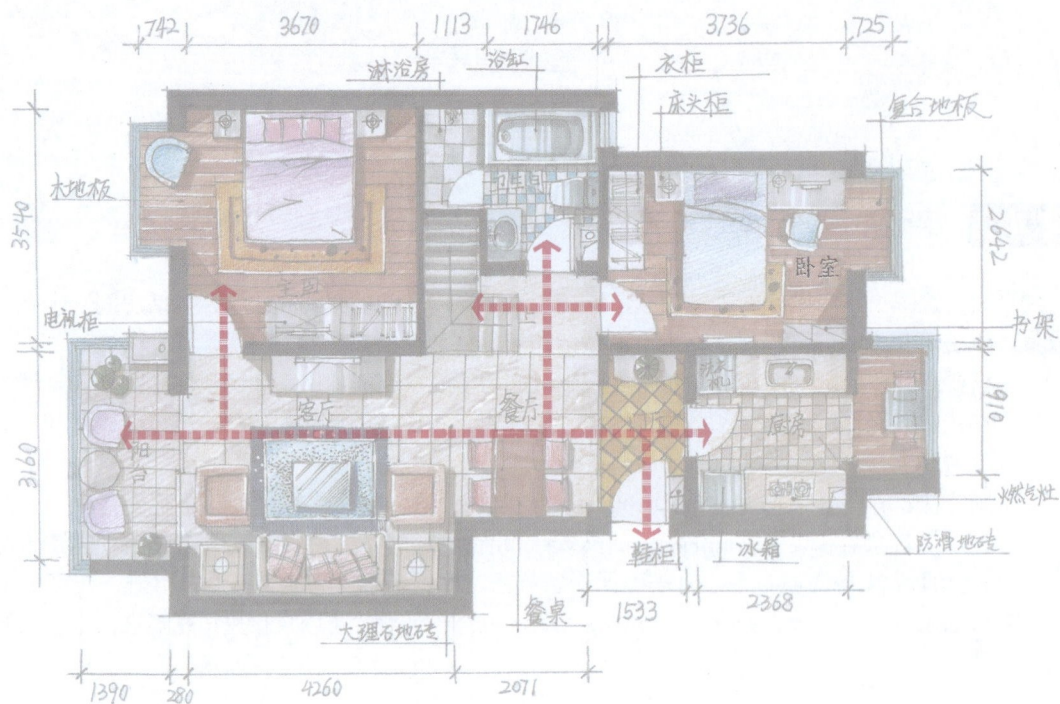

动线分析图

图7-79

7.4.4　材料图

材料图：室内设计中用于详细展示项目所需材料种类、规格、品牌等信息的图表。下面将石材、瓷砖、木材等作为材料进行说明，如表7-1所示。

注意要点：确保材料名称、规格、品牌等信息准确无误，涵盖所有必要的信息，避免遗漏，图表设计应清晰易读，便于理解和使用。

绘制方法：首先，根据设计方案，列出所需材料的详细清单。其次，按照材料类型（如地板、墙面等）进行分类整理。再次，使用图表等形式，清晰展示材料信息。最后，在图表中标注必要的说明，如材料用途、特殊要求等。

表7-1

装饰主材石材部分

编号	ST-01	ST-02	ST-03
例图			D-025 米纸
名称	灰色大理石	白色大理石	人造石
品牌	罕道石业 （或同等档次品牌）	罕道石业 （或同等档次品牌）	韩耐 （或同等档次品牌）
型号	银砂	昆仑灰	米纸
规格	18mm（厚），常规大板尺寸约2400mm（长）×1200mm（宽）	18mm（厚），常规大板尺寸约2400mm（长）×1200mm（宽）	18mm（厚），常规尺寸约2440mm（长）×760mm（宽）
使用范围	门槛、淋浴间、卫生间台面，还适用于客厅地面、电梯间墙面	室内墙面、卫生间台面、窗台板	厨房、卫生间台面，异形吧台、展示台
备注	可裁剪，硬度高、有纹理，适用于中高端装修	可裁剪，质地纯净，营造简约高雅氛围	可裁剪，抗污性好，具性价比

装饰主材瓷砖部分

编号	CT-01	CT-02	CT-03	CT-04
例图				
名称	仿石材瓷砖	瓷砖	瓷砖	岩板
品牌	RQ戎乾瓷砖 （或同等档次品牌）	RQ戎乾瓷砖 （或同等档次品牌）	RQ戎乾瓷砖 （或同等档次品牌）	裴安爵 （或同等档次品牌）

续表

编号	CT-01	CT-02	CT-03	CT-04
型号	RQ8080404	8RP3A93	6029	雪花白（冷鱼肚白）
规格	800mm（长）×800mm（宽），厚度约10～12mm	800mm（长）×800mm（宽），厚度约10～12mm	600mm（长）×600mm（宽），厚度约8～10mm	常规尺寸约2400mm（长）×1200mm（宽），厚度6mm
使用范围	客厅+厨房+卫生间+阳台地	厨房墙面	卫生间墙面	电视背景墙
备注	仿石耐磨，高频区适用，施工留缝	釉面易洁，可配腰线	防滑抗渗，适潮湿区	坚硬抗冲，需专业安装

装饰主材木材部分

编号	WD-01	WD-02	WD-03	WD-04
例图				
名称	木纹木饰面	烤漆板	蓝色烤漆板	复合木地板
品牌	科定	定制	定制	特芮地板
型号	6357	定制	定制	TC-045
规格	常规厚度约3mm，尺寸约2440mm（长）×1220mm（宽）	3mm（厚），常规定制尺寸约2440mm（长）×1220mm（宽）	3mm（厚），常规定制尺寸约2440mm（长）×1220mm（宽）	常规厚度约12mm，尺寸约1210mm（长）×165mm（宽）
使用范围	台盆柜、衣柜、玄关柜	厨房上下柜	儿童房	卧室地面
备注	纹理自然，安装便捷，可提升家具质感	表面光滑，易清洁，耐磨损	色彩鲜艳，环保安全，适合儿童空间	脚感舒适，耐磨防滑，日常维护简便

7.4.5 具体施工图

一、概述

具体施工图在室内装修设计中占据着举足轻重的地位，作为技术文件，它详细描绘了装修过程中每个环节的施工细节和要求。下列施工图由设计师闫子庆精心绘制，从丈量尺寸到绘制施工图，这份图纸的主要目的是确保施工团队能够准确理解设计师的意图，并严格按照图纸要求执行施工任务，从而保证装修工作的顺利进行，并最终实现设计效果的完美呈现。

随着时代的发展和科技的进步，目前施工图最常见的绘制方式是使用计算机辅助设计软件AutoCAD，这种方式不仅提高了绘图效率，还确保了图纸的准确性和专业性。

二、施工图内容

1. 原始结构图

无论是毛坯房还是旧房室改造装修，原始结构图都可以给设计师提供基础墙体、门窗及空间布局等信息，为装修设计提供基础框架，如图7-80所示。

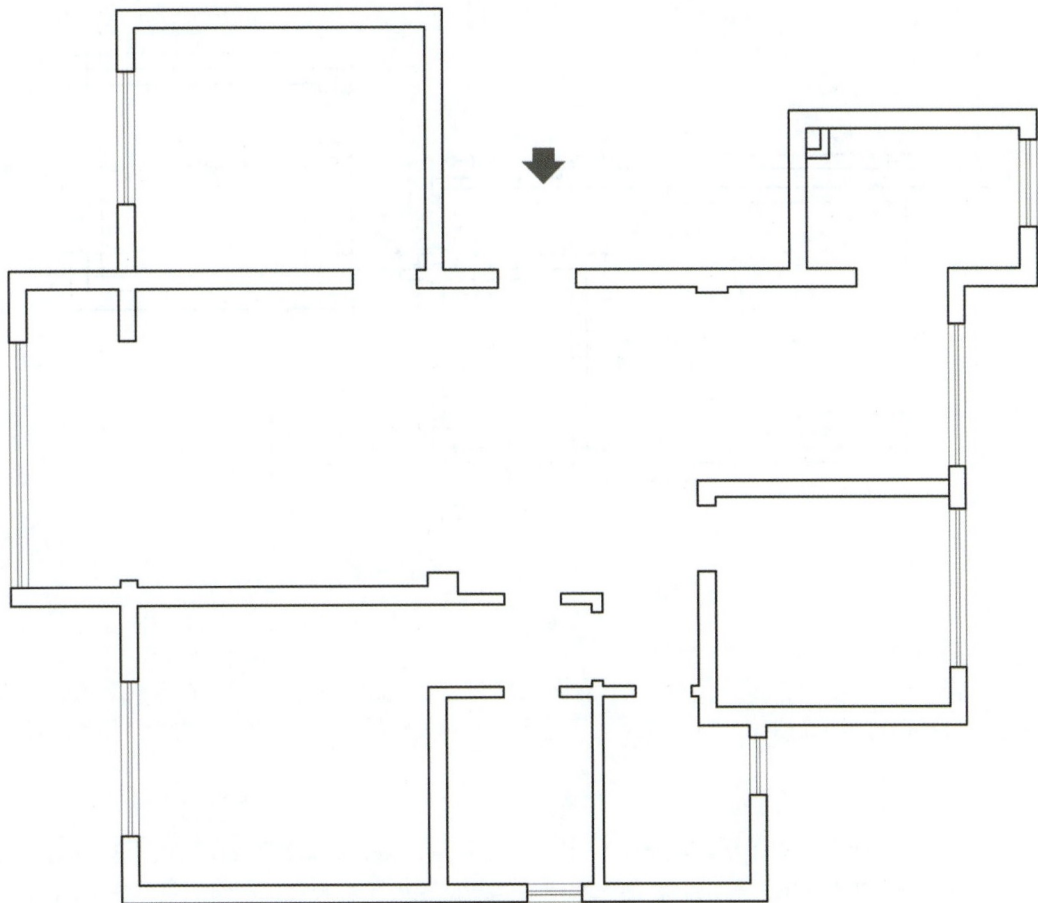

原始结构图

图7-80

2. 原始平面尺寸图

原始平面尺寸图详细标注了房屋的面积、墙体尺寸以及门窗位置等，为设计与施工提供了关键数据，确保施工能顺利进行，如图7-81所示。

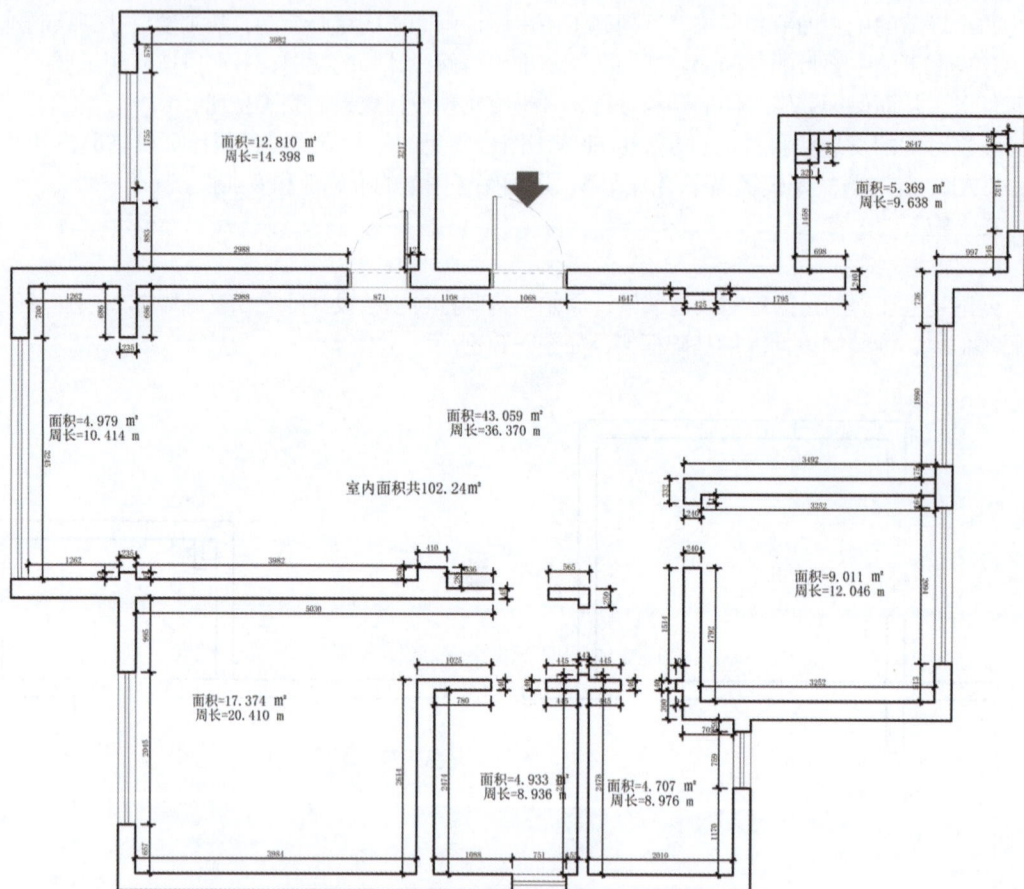

原始平面尺寸图

图7-81

3. 墙体拆除图

墙体拆除图详细标注了需要拆除的墙体位置和尺寸，如图7-82所示。这张图纸为施工团队提供了拆除工作的明确指导，确保拆除工作的准确性和安全性，同时避免对周边结构造成不必要的破坏。

4. 新建墙体图

新建墙体图详细描绘了新建墙体的位置、尺寸和构造方式，如图7-83所示。这张图纸为施工团队提供了新建墙体的准确指导，确保新建墙体的稳定性和美观性，同时满足室内空间的分隔和功能需求。

5. 平面布局设计方案

平面布局设计方案精心划分了各房间的功能，明确了门窗的具体位置，并考虑了局部房间的家具摆设。每个区域都经过精心设计，以满足不同生活需求，同时确保空间的舒适与美观，如图7-84所示。

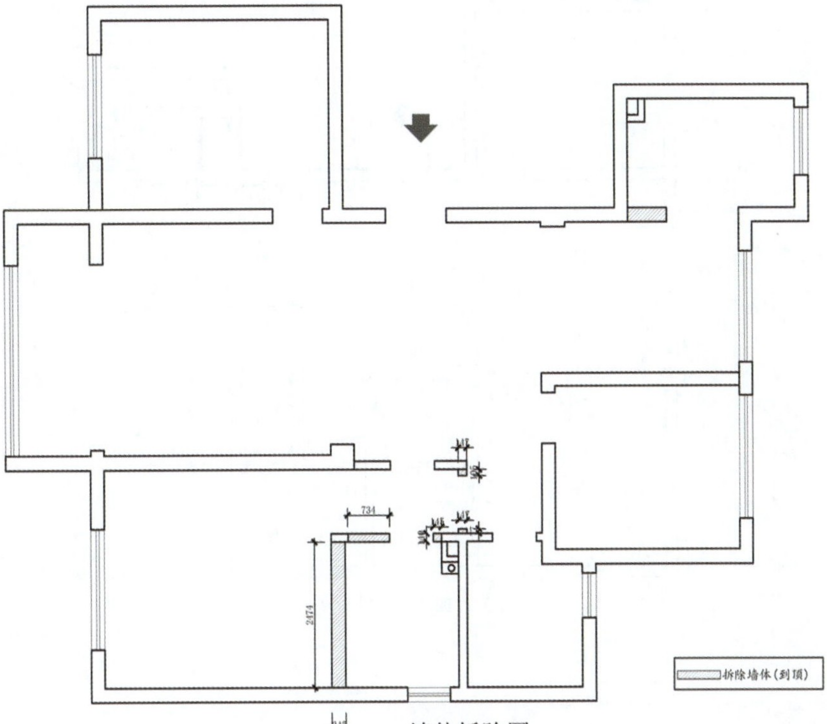

墙体拆除图

图7-82

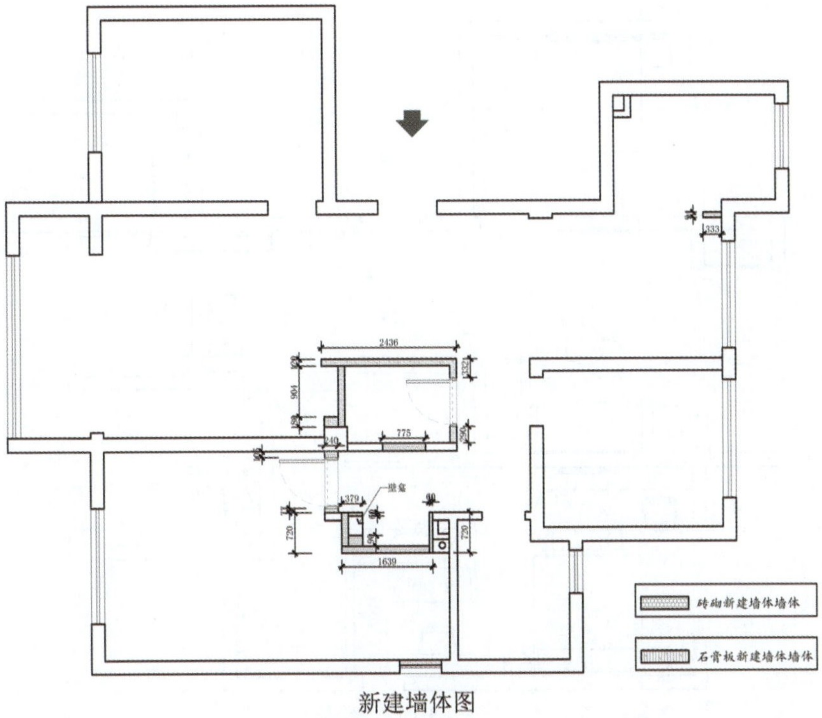

新建墙体图

图7-83

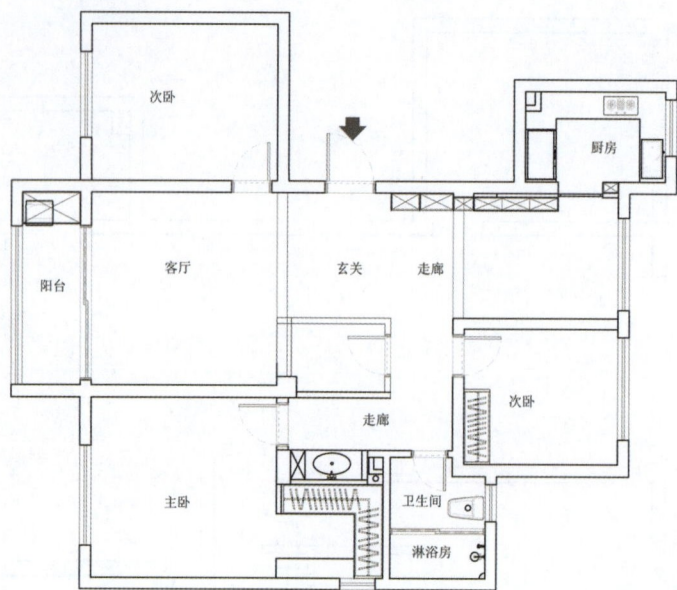

平面布局设计方案

图7-84

6. 平面布置图

平面布置图是整个施工图的基础，它详细展示了室内空间的布局规划，如图7-85所示。在这张图纸上，家具、设备、通道等的位置都被精确标注，为施工团队提供了清晰的空间划分和功能区域划分指导。

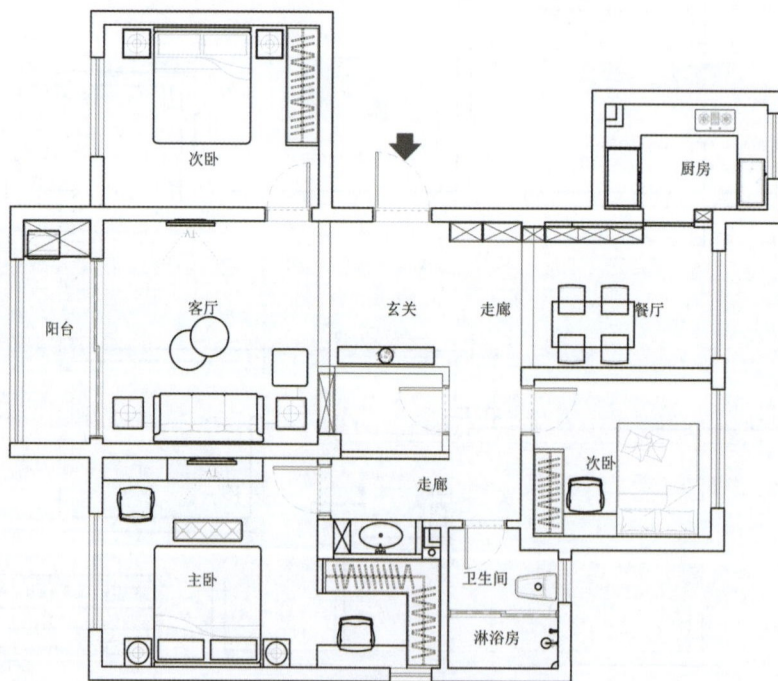

平面布置图

图7-85

7. 灯具尺寸图

灯具尺寸图详细标注了室内各种灯具的型号、尺寸和安装位置，如图7-86所示。这张图纸为施工团队提供了灯具安装的准确指导，确保灯具的安装位置和高度符合设计要求，同时保证了室内照明的均匀性和舒适性。

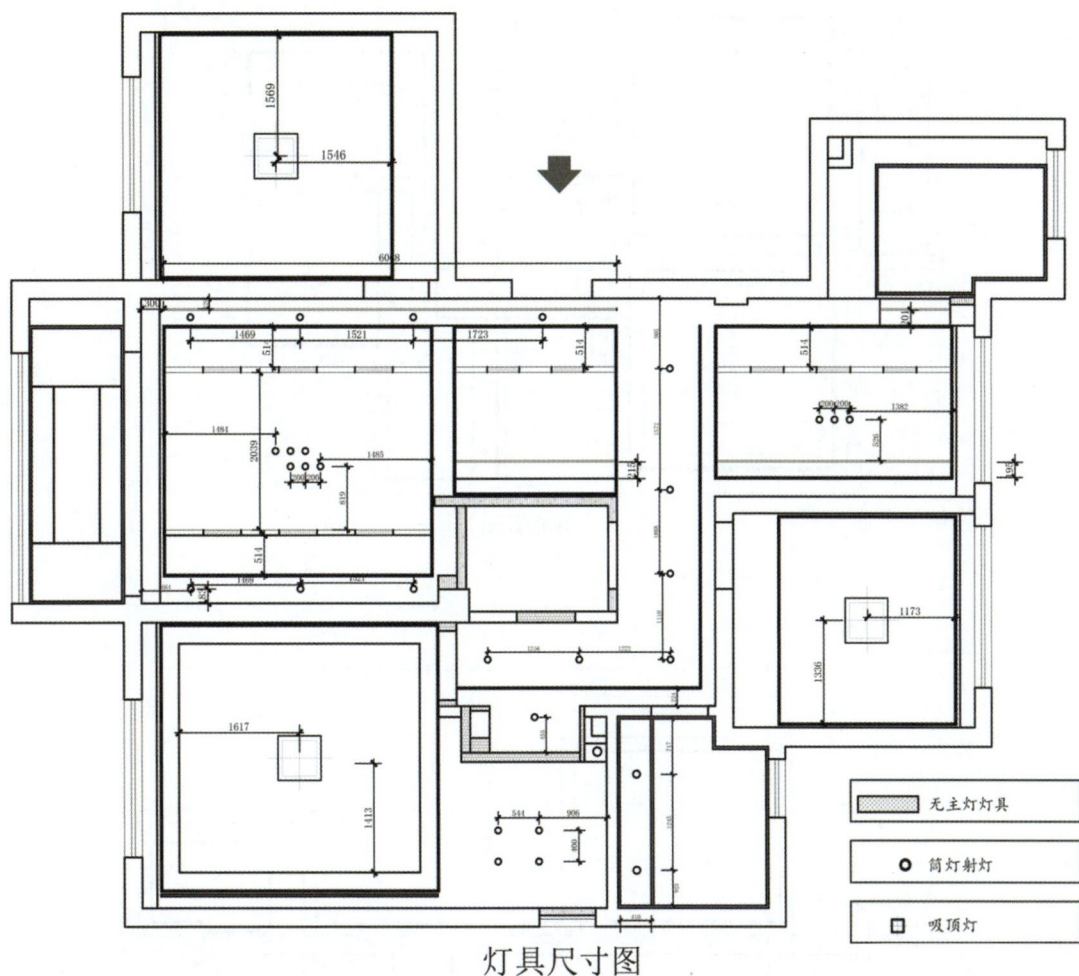

灯具尺寸图

图7-86

8. 天花布置图

天花布置图详细描绘了吊顶结构、灯具位置、线路走向等施工细节，如图7-87所示。这张图纸为施工团队提供了吊顶施工的准确指导，确保吊顶的平整度和美观性，同时保障了线路的安全性和隐蔽性。

9. 天花尺寸图

天花尺寸图进一步细化了天花部分的施工细节，包括吊顶的各部分详细尺寸与位置、相关材料说明等，如图7-88所示。这张图纸为施工团队提供了更加精确的施工指导，确保吊顶的平整度和美观性，同时满足了室内空间的视觉效果和照明需求。

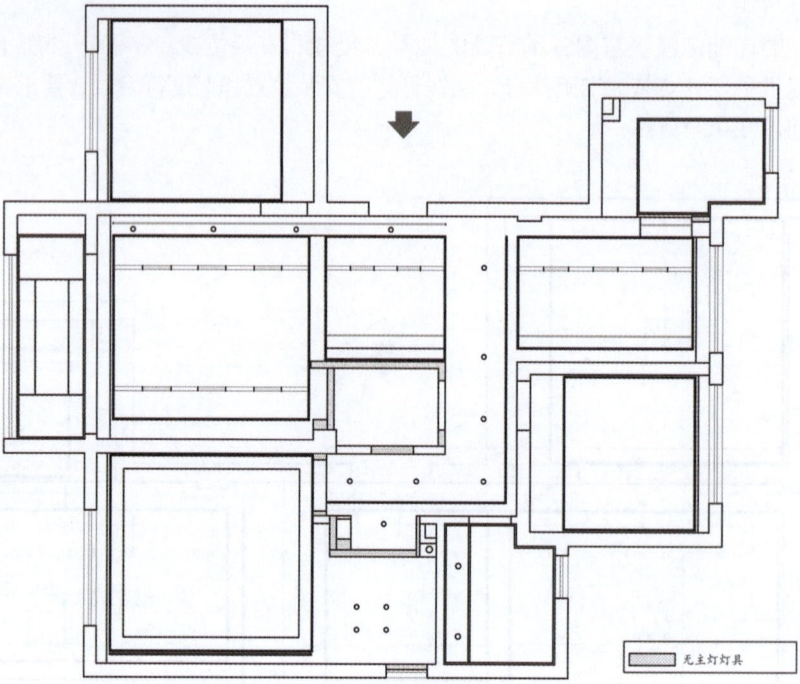

天花布置图

图7-87

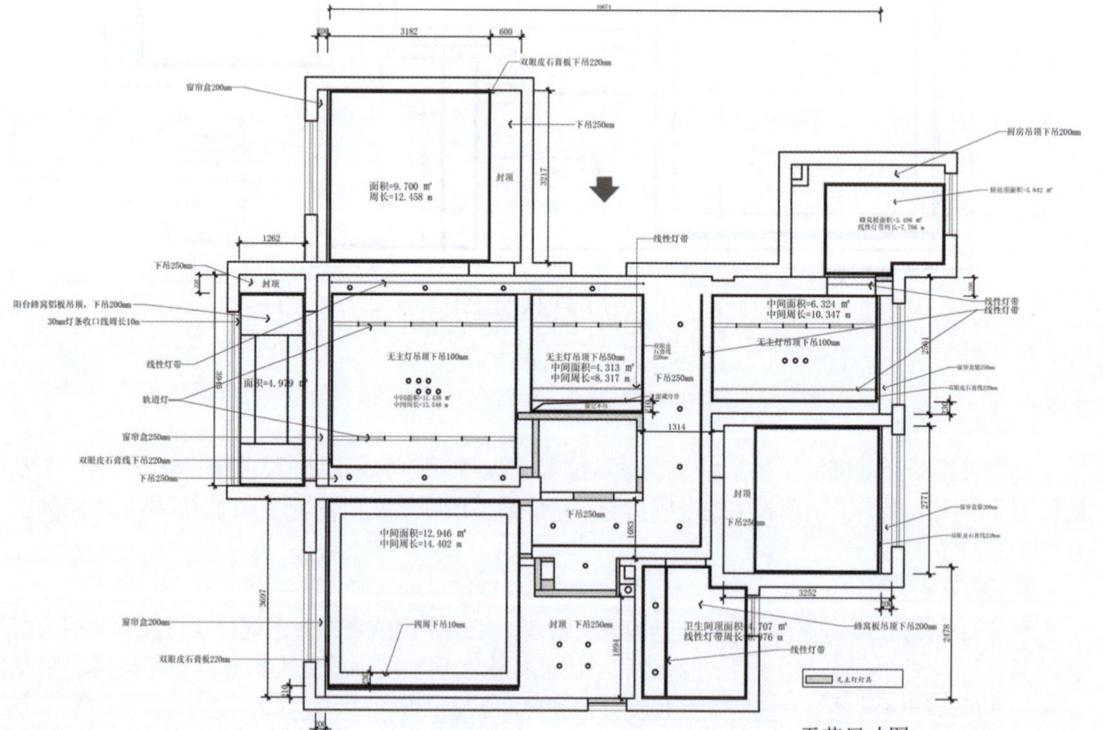

天花尺寸图

图7-88

三、施工图要求

（1）准确性：施工图必须准确无误地反映设计意图和施工要求，确保施工团队能够按照图纸进行施工。

（2）清晰性：图纸中的线条、文字、符号等必须清晰可辨，避免出现模糊、混淆的情况。

（3）完整性：施工图必须包含所有必要的施工细节和要求，确保施工团队能够全面了解施工任务。

（4）合规性：施工图必须符合国家相关法规和标准，确保施工过程中的安全性和合法性。

7.5　本章小结

通过本章的学习，我们掌握了室内快速设计方案的多种表现方法。从平面图到立面图，再到透视图的转换，每一步都体现了设计师对设计细节的把控和对空间的敏锐洞察。同时，通过对室内设计方案至施工全流程分析图的学习，我们能够更好地理解设计方案的实施过程，为室内设计的落地提供了坚实的基础。这些技能和知识对室内设计师来说至关重要，是提升设计能力和实现设计价值的关键。

7.6　课后实战练习

7.6.1　客厅设计手绘效果图

1. 设计任务概述

本设计任务要求通过手绘效果图展示一个客厅的设计方案，应包含对具体尺度的规划、空间进深效果的考虑以及材料的选择与标注。本设计任务旨在提升读者对室内设计的理解与实践能力。

2. 设计任务执行

（1）具体尺度规划：设定客厅的总面积为40m^2，长为8m、宽为5m、高为2.8m。根据空间大小和功能需求，规划家具的摆放位置，确保空间利用的合理性。

（2）空间进深效果设计：考虑如何通过家具、照明和装饰元素来增强空间层次感，思考如何引入自然光并合理布置人工照明，以提升空间的整体氛围和舒适度。

（3）材料选择与标注：根据设计风格和功能需求，选择合适的墙面、地面和家具材料。在手绘效果图中明确标注所使用的材料，以便他人理解和实施。

3. 设计最终目的

本次设计的最终目的是通过手绘效果图展示一个既实用又美观的客厅设计方案。通过具体尺度的规划、空间进深效果的设计和材料的选择与标注，力求呈现一个舒适、和谐且具有个性化的客厅空间。同时，在设计过程中，读者可以提升对室内设计的理解与实践能力，为未来从事相关工作打下坚实基础。

7.6.2　手绘三室两厅两卫空间设计：平面图与效果图展示

1. 设计任务

（1）空间布局：整体空间需包括3个卧室、两个客厅（或起居室与家庭活动室）、两个卫生间、一个开放式厨房和一个餐厅区域。

（2）绘制要求：采用手绘方式绘制平面图与效果图，须注重线条的流畅性和色彩的和谐性，以展现手绘的独特魅力。

（3）功能分区：每个空间区域需满足基本功能需求，同时考虑空间之间的流通性和互动性。

（4）材料选择：在设计过程中，需考虑实际材料的可行性和成本效益，如墙面装饰、地板材料、家具材质等。

（5）色彩与照明：整体色彩搭配需协调统一，同时考虑不同空间区域对光照的需求，确保空间明亮舒适。

（6）家具与配饰：家具的选择需符合整体设计风格，同时考虑其实用性和舒适性。配饰的选择需与整体设计风格相协调，提升空间的装饰效果。

2. 设计目标

通过手绘的方式，展现一个功能齐全、美观舒适的室内家居空间设计方案。平面图需清晰展示各空间区域的布局和尺寸，效果图需生动展现整体空间的设计效果和氛围。